菁萃咖啡始末

{作者序}

本書最核心的主題是「煮咖啡」。

自2005年8月在積木文化出了第一本翻譯書《咖啡自家烘焙全書》（Home Coffee Roasting中文版）之後，緊接著又再與國璽討論這本書的內容與方向，有感於目前中文的煮咖啡書籍內容大多過於簡化，一般讀者要看書就學會煮實在有點困難，且礙於篇幅，坊間的咖啡書僅以三、五張圖片就輕鬆帶過一種沖煮法，對於背後的觀念原理則無交待，讓咖啡愛好者如陷五里霧中。在這樣的背景之下，筆者決定先以「沖煮」為題，將幾種主要沖煮法以容易理解的方式說明其操作的原理，讓你看過本書之後不但「敢煮」，還能真正知道「煮出好咖啡的必備要件」，讓你享受煮咖啡樂趣的同時，也可以真的「喝到」好咖啡。

實際撰寫本書期間，筆者曾到數個咖啡討論區做過調查，找出許多煮咖啡時容易遇到的疑問，經過一段時間整理後，將這些常見問題融入書中各章節，期能一解讀者心中之惑。

到了編寫的中後期，由於筆者對內容的排列的方式不甚滿意，於是以閱讀方便性及內容的深淺再重新調整過編排的順序，就是為了避免太過冗長的敘述，而使得讀者們會覺得太過艱深。這本書盡量以淺顯易懂的文字，帶領各位深入了解幾個一定要清楚的原理與觀念，突破一知半解的窘境，進一步更知道如何去欣賞咖啡世界的美好！

之後接手本書編輯的薇真，也非常辛苦地將先前未完成的部分都一一克服、解決，雖然出版時程上已與原先預計的晚了許久，但為了書的品質，一切等待都是值得的，非常感謝薇真，要從中途接手一本書並非常急迫地完成它，是非常不容易的苦差事！

最後，筆者要在此感謝許多默默促成本書的朋友，在編寫的日子裡若沒有你們的支持，也不會讓我有這麼大的動力催促自己去完成它，要非常多的時間坐在電腦前、絞盡腦汁地將這些自身所學、所會，化成文字與有系統的主題，實在是一件苦差事，但也因為箇中的苦，當我打下這本厚厚的書最後一字那刻，百感交集，在成就感浮起的同時，又回想起寫這本書時經歷的多次波折，終於……發印了，心中的一塊巨石暫時落下，感謝所有曾經一同交流學習的咖啡界好友們，這隻字片語也許僅是九牛一毛，但以這顆真摯熱誠的心，將寶貴的咖啡知識傳遞給更多人，相信更是我們共同期望見到的。

特別感謝以下人士及店家協助、配合拍攝事宜：
貝拉貿易・阿樑（黃峻樑）、里約咖啡・Jimmy、爐鍋咖啡・Luguo
歐舍咖啡・壞老虎（許寶霖）、冠文有限公司・陳元玫、台灣波頓有限公司

這是筆者自著的第一本書，對我的意義非凡，謹獻給各位喜愛咖啡的你！

謝博戎 謹致

{本書導讀}

欣賞好咖啡，不應該因為沖煮不穩定而失去應有的亮眼表現。本著這個理念，筆者期許每位讀者在仔細依本書建議操作後，能在咖啡的沖煮部分不再有疑慮，知道如何分辨咖啡豆良莠，並專注地去欣賞好咖啡之美。

這本書是為了讓所有讀者都能從頭至尾了解製作一杯咖啡的前後始末而撰寫的。本書有別於坊間大多數的咖啡沖煮書籍，筆者將所鑽研的三項沖煮法——手沖、虹吸式及Espresso——做較為深度的剖析，讓讀者都可以完全掌握沖煮咖啡的來龍去脈，煮咖啡不是難事，掌握了這些細節之後，讓你也能隨手煮出精彩的每一杯。

如果你是完全未接觸過煮咖啡的新手，請先參考第一章「煮咖啡基本配備」以及第二章的「給剛開始學煮咖啡的你」，然後便可以照著每一章的圖片步驟操作，循序漸進地煮出一杯咖啡。

照著步驟圖說操作之後，你已經可以煮出一杯不錯的咖啡了，只是有些時候，你可能會遇到一些沖煮上的小疑問，比方說「為什麼這次煮跟上次煮味道不太一樣？」「要怎麼煮出比較多味道還有醇厚度？」「為什麼煮出來有焦味還有苦味？」之類的問題，這時你就需要多知道點背後的原因，才有能力解決這些小問題，此時你可以先參考第三章「給想進一步穩定煮出好咖啡的你」，之後再仔細閱讀往後每一章沖煮法攻略的解析內容，確實注意到每個可能發生問題的環節並克服，你就能輕輕鬆鬆地煮出一杯杯好咖啡。

除了深度解析的三項沖煮法之外，其他簡易式沖煮器材的操作建議皆可以在第七章「其他沖煮器材攻略」中找到，為了方便讀者學習，皆以圖片步驟配合文字說明的方式進行。

書末的附錄A專門介紹關於咖啡豆的基礎知識，涵蓋產國現況、生豆處理方式概況、分級制度及主要栽植樹種等資料，另外也有關於各產區咖啡豆的風味特性簡介，方便讀者們在學習品嚐技巧時對照使用。

附錄B「沖煮技術自修資源」，由筆者為各位準備了各種有用的國內外網路資源連結，讓你跟得上世界的腳步，煮咖啡不落人後。

附錄C「咖啡器材與咖啡豆購買指南」，主要介紹台灣地區各地的新鮮烘焙咖啡豆及咖啡器材販賣點，還有少數由網友介紹的國外名店，讓你除了能喝遍台灣，出國時也能多一個「咖啡品嚐」主題式行程。

現在，開始享用這本書的內容吧！

>contents目錄

進入主題之前

除了沖煮器材本身，煮咖啡的基本配備還包括以下幾項：

1.經過適當烘焙的咖啡熟豆

　　未經烘焙的咖啡豆，質地堅硬不易碎，且缺乏「熱」來觸發內部的風味成分，因此是不適合拿來煮咖啡的；烘焙之後的咖啡豆，質地變得較脆、易打碎，內部風味成分發展出來，拿來煮才有明顯的味道。但是經過烘焙不代表味道一定就好，烘焙是一項值得研究的藝術，所有烘焙咖啡豆的人都應該花更多的心神，研究如何烘出咖啡豆的最佳表現！因此選購熟豆也成了一門學問，必須仰賴「品嚐」技巧才能找到烘焙適當的熟豆，將在稍後為各位解說。

▲生豆

▲熟豆

2.磨豆機

煮咖啡是一種「萃取」行為，而萃取效率高低則與受萃取物（咖啡豆）的總表面積大小有關。從右方示意圖可知，完整的咖啡豆總表面積較小，不利於萃取，被切割成越多部分，則總表面積越大，萃取效率越高。磨豆機就是將咖啡豆轉變為咖啡顆粒的工具，磨豆機的研磨品質與價格是成正比的，當你想要提升沖煮技術時，磨豆機是優先要考慮升級的對象，相關內容請見第三章第三節「磨豆機的重要性」。

3.水

在一杯咖啡裡，有95%～98.5%的成分是水，水質恰不恰當，直接影響到一杯咖啡的整體水準，一般而言，RO水最乾淨，但煮出的咖啡較清淡、少風味，而自來水水質偏硬且帶氯味，容易破壞整體風味均衡，最適當的水質是偏中性的微鹼性水，裡面必須含有少量的鈣、鎂等礦物質，才能煮出風味甘美醇厚的一杯好咖啡。稍後再為各位詳述水質對萃取造成的影響。

▼整顆咖啡豆與切割後的咖啡顆粒表面積比較

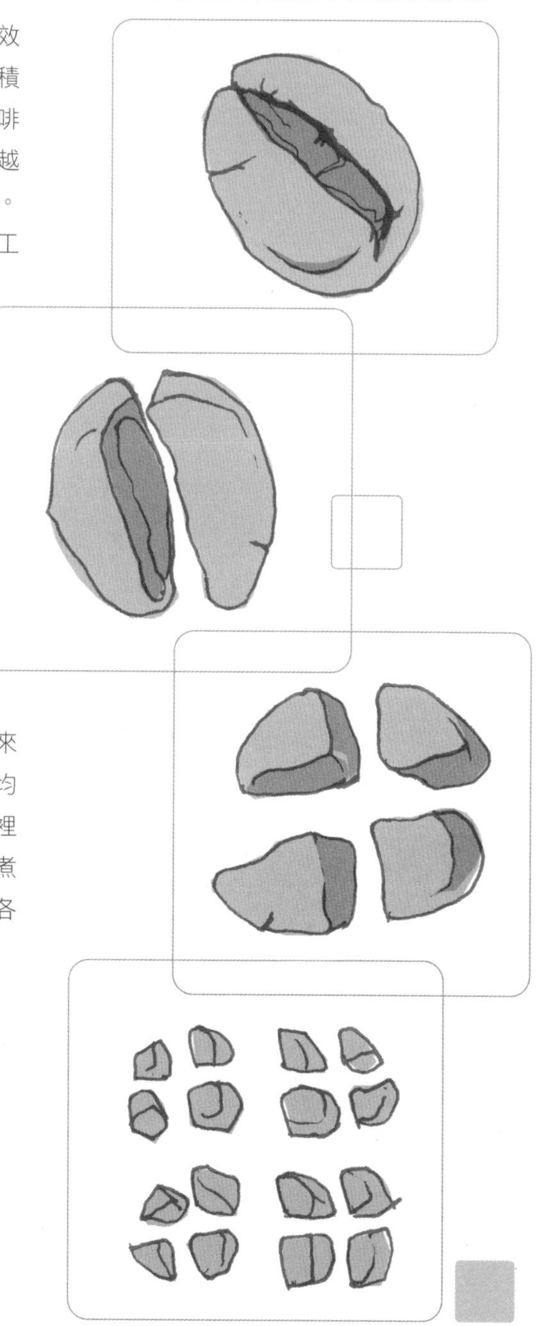

第一章

煮咖啡 基本配備

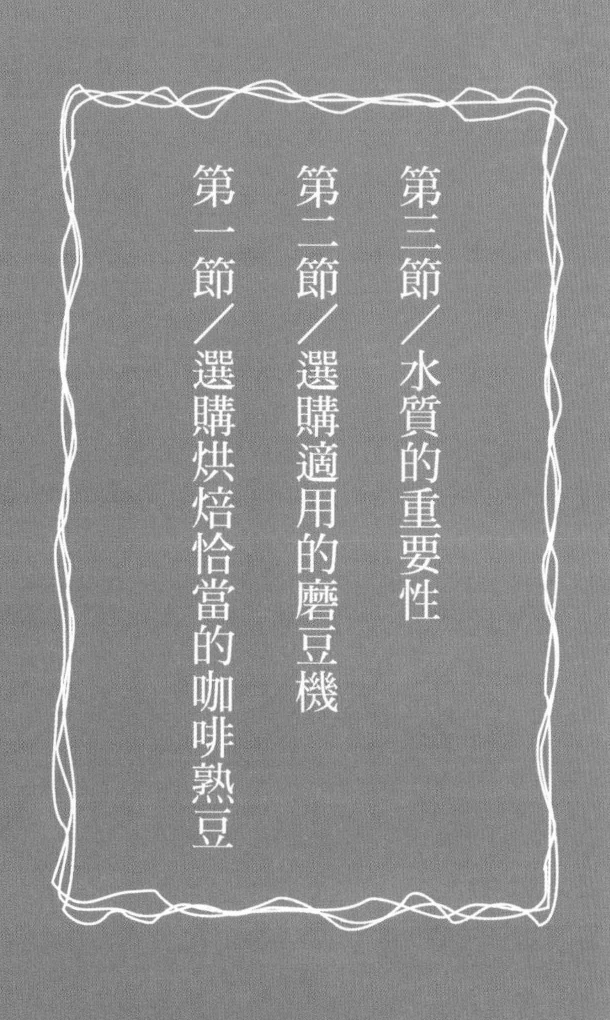

第三節／水質的重要性

第二節／選購適用的磨豆機

第一節／選購烘焙恰當的咖啡熟豆

第一節 選購烘焙恰當的咖啡熟豆

選購秘訣一 不看熟豆看生豆

首先要面臨的抉擇，就是你想沖煮的咖啡豆級別，是要使用一般商業用的便宜豆種？還是使用處理更仔細的精品高價豆種呢？

若是熟豆的狀態，靠外觀是無法判別它是商用便宜豆，還是高價精品豆，因為烘焙過後這兩者都會著上深深的褐色，就像魚在經過烹調後就無從得知其新鮮度一樣；因此必須從「生豆」狀態下的豆貌來判斷，在生豆狀態時，商業豆很明顯會有較高比例的泛白、泛黃老豆，而精品豆則多為翠綠、帶光澤的高含水率樣貌；商業用生豆通常也被投以較輕忽的對待，儲存品質普遍較差，因此容易沾染上外來的異味（如受潮味、倉庫味、麻袋味、霉味、腐味等），而目前越來越多的精品莊園生豆，標榜的是來自單一產區的單一莊園，原本可以有萬千丰采的好東西，但因為遭到長時間、高溫的海運運輸所拖累，失去了它應有的價值；「精品」咖啡豆，應該要同時兼顧到「採收」、「生豆處理」、「運輸」及「儲存」等方面的精緻化，才算不枉其精品之名。

▲商用基豆生豆。

在料理的國度中，食材本身的檔次高，做出的料理才有可能是驚世之作，而生豆扮演的正是咖啡國度裡的「食材」角色，想要在你的咖啡裡找到多一點好味道，第一步就是得確定你的咖啡豆在生豆狀態時，是否就是較高檔次的精品豆。

選購秘訣二
產國、產區不同，嚐起來一定不同，先喝過再決定是否購買

有了好食材，也要有好師傅來處理它；將「生豆」轉變為「熟豆」的人就是烘焙師。烘焙師必須非常了解每一種咖啡豆的特性，並將咖啡豆的獨特之處藉由烘焙手法呈現出來，呈現出的畫面因豆而異，也因人而異，主要是因為精品咖啡豆本身就是有明顯個性的好東西，如同有個性的人絕對不是因為他跟大多數人類似，而失去了讓人感到「獨特」的味。如果你在某家咖啡館，點了幾杯來自不同國家、不同產區的單品咖啡，嚐起來卻沒什麼分別，這家店對你認識咖啡是沒有任何幫助的，換一家試試看，否則你可能就此失去與各種超級好咖啡認識的機會。

即使是尚未學習「品嚐」技巧的你，也能透過咖啡液散出的氣味來判別這杯咖啡到底是好是壞，簡言之，不好的咖啡，會散出燒焦味、土味、受潮味、普洱茶磚味，好的咖啡則會有明顯的清新花果香、藥草香等。如果學會品嚐技巧，就會有更多其他判別咖啡好壞的依據，詳見第二章第二節「學習品嚐」的內容。

▼生豆一路烘焙成熟豆的各階段歷程。

選購秘訣三
生豆新鮮加上新鮮三日內烘焙

走進咖啡館裡，若有見到正在運轉中的咖啡豆烘焙機，從中飄出令人愉悅的烘焙香氣，你才有可能從這家咖啡館買到「新鮮烘焙」的熟豆；但單單新鮮烘焙這一點是不足以構成「精品」的，還必須佐以新鮮的生豆及卓越的烘焙技術，消費者才能買到真正的優質熟豆。

▲ 烘焙完冷卻中的咖啡豆。

在廣大華人世界裡，咖啡是新興型態的飲品，與歐、美、日等地悠久的飲用歷史相比，相去甚遠；反應到咖啡產業上，就是發展較落後的事實，一直到近五年來，華人世界裡才出現「自家烘焙咖啡館」、「新鮮、小量精緻烘焙」這些字眼，注重的是烘焙完的「熟豆新鮮度」或稱「熟豆賞味期」，而最近兩年來，發展較早的台灣，才漸漸有一些精緻自烘店開始注意到「生豆新鮮度」對咖啡品質的關鍵性影響，但這方面的知識，歐、美等咖啡消費大國早已提倡多年。

在自家烘焙咖啡館逐日增加的趨勢之下，到底哪些才是真正的優質「新鮮」烘焙豆供應者呢？答案就在生豆本身的成分變化，只要看到生豆變白、變黃、變乾，那麼其烘焙後的成品就稱不上精品；使用最新鮮的生豆，才有機會製作出最優質的好咖啡！

咖啡豆的獨特香味，來自於高溫烘焙之後，在咖啡豆內部的數百種芳香化合物與脂質成分相結合產生的「香脂」（Flavor Oil），不同產區的咖啡豆，香脂的成分比例也會有所不同，因此會造成「不同產區的咖啡豆，會有不同的風味表現特徵」這個現象。香脂中有許多成分是不穩定、易揮發的，甚至會與氧分子結合「氧化作用」而變質成其它成分，在烘焙完成的那一秒開始，咖啡豆內部的香脂組成比例就不斷改變，因此理論上來說，烘焙完成的咖啡豆每一秒味道都有極微小的差異，只是人類味覺察覺不出來這麼短時間內的複雜風味變化。

約莫在烘焙完成之後的第六天起，由於排氣作用帶走了許多在常溫即揮發的芳香成分，加上此時咖啡豆已開始明顯受到氧化作用的影響，可以清楚察覺沖煮後咖啡液的風味改變，即使我們使用目前最理想的保存方式「單向透氣袋」，也難以阻止風味變化的腳步，烘焙完成後超過一週的咖啡豆，風味已衰減泰半，此時想見識它最美麗的畫面，難如上青天。但即使是同一袋的生豆，剛採收、處理好的最新鮮生豆，與放了半年以上的當季生豆，就會有非常明顯的「基本成分差異」。簡言之，就是生豆會隨著時間而「老化、變質」，甚至會吸附外在環境的其它味道。生豆自己都變了，那烘焙完之後又怎會不變呢？筆者期許在不久的未來，華人地區能更重視生豆的新鮮度及保存問題，甚至可以做到跟日本料理的「產地急送」一樣，掌握新鮮的先機！

選購秘訣四
烘焙深度的選擇與烘焙師的自信

一家咖啡館會選擇販賣什麼樣烘焙深度的咖啡豆，除了與其慣用的沖煮方式有關以外，另一個考量因素就是咖啡豆在不同深度下的「風味穩定性」。淺焙豆由於所含的易揮發香氣成分較高，前後的風味變化較劇烈；中焙豆的易揮發成分中等，但前後風味變化也容易被察覺出來；深焙豆所含的成分大部分是揮發性較低的，因此風味穩定性最高，前後差異不大。但從另一個角度來看，敢於提供中、淺焙豆的咖啡館，顯示其對於咖啡豆的自信足夠，不擔心豆子賣不完，因此較有可能提供新鮮的咖啡豆，但提供深焙豆的也未必不好，得喝過咖啡館主人親手詮釋的才能略知其然，深焙豆中也有烘得差、烘得好之分，但與中、淺焙豆的明顯特徵相比，深焙豆的優劣不靠香氣評斷，而是靠味覺舒適度決定好壞。簡言之，深焙豆中焦味、苦味、澀感太強，讓你覺得非加糖、奶不可時，這批深焙豆的詮釋是不成功的。

中、淺焙豆若沒處理好，容易出現生味、貼舌的澀感，深焙豆則因焦、苦味比例較高，有時會蓋過其它味覺的感受。淺焙與深焙的世界各有其美好之處，各有不同的欣賞角度，有經驗的烘焙師會想辦法利用各種烘焙技巧來改善風味缺陷，將其認為最美麗的畫面呈現給客人。

一間咖啡館可能會特別精研某方面的沖煮技術，常備豆的烘焙方向也偏向該沖煮法（比方說義式咖啡館強調的就以Espresso用的配方豆為主，強調專業性的手工咖啡館，則偏向以手沖式或虹吸式來表現單品咖啡，各有所長），因此在選購上必須特別留意，別買到不適用的咖啡豆。有些烘焙咖啡館也接受「指定烘焙度」，算是蠻貼心的一項服務，但這風氣目前並不盛行，但筆者並不建議一開始就汲汲營營於這類的服務，多練習品嚐、認識各地產出的咖啡風味才是最優先的課題。

選購秘訣五
對於Menu上所列之各產國咖啡的風味描述

先研究一下咖啡供應單上的品項有哪些（有的是固定式的menu，有的則是寫在黑板上每日或每季更新一次）、烘到什麼烘焙度、用什麼方式沖煮……等方向，順便還能問一問服務人員或吧台人員有關咖啡風味的問題，概略了解一下這家店的風格走向，是否符合「專業」的期待。關於各產國、產區的咖啡豆風味走向，你可以在本書附錄A中概略先了解一番，然後再對照你在咖啡館裡見到、聽到的，就可以判別到底這家店能不能提供你夠水準的咖啡熟豆了。當然，文字描述不代表全部，有的店寫得、說得天花亂墜，但端出來的東西卻不如其描述，此時還是得靠你的舌頭來分曉。

選購秘訣六
熟豆保存是否不透光、不透氣

烘焙過的熟豆，最怕的就是熱、陽光、濕氣及氧化作用，如果咖啡館將烘焙好的熟豆放在不密閉的容器內，若加上咖啡豆流轉率不夠高，就很有可能讓你喝到一杯香味散盡、帶有受潮味的咖啡。

如果你找到一家「少量、多次的店內烘焙」咖啡館，可以確保你喝到的、買到的都是最新鮮的咖啡；當你要購買他們的熟豆前，觀察一下他們烘焙完的熟豆都如何保存，最理想的是放在大型的不透光單向排氣袋裡，其次是不透光、不透氣的密封罐，最後才是不透氣的透明密閉玻璃罐；最後要看看他們給你的包裝方式，最理想的是可重複使用的夾鍊式、不透光單向排氣袋，其次是金屬夾條式、不透光單向排氣袋，第三個是開放式袋口、不透光單向排氣袋。

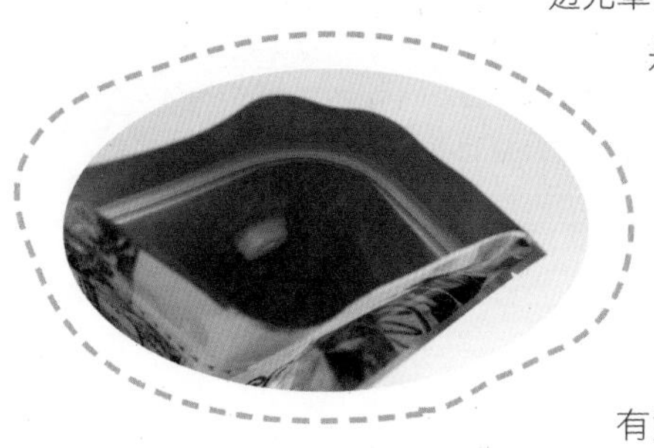

▲不透光夾鍊式單向排氣袋。

坊間常可見到「偽單向閥」的包裝袋，僅以一張透明膠膜貼住，然後用針戳個小孔，非常簡陋且沒有實質保存效用，如果你看到的是這樣的包裝，千萬別買，保證放沒幾天就走味了！另外也有使用透明塑膠袋抽真空的方式，除了日光照射會加速香氣成分揮發外，咖啡熟豆在烘焙完成後仍會繼續排放二氧化碳氣體，過一段時間之後袋子會膨脹起來，甚至氣體膨脹到撐破塑膠袋，也是不理想的包裝方式。

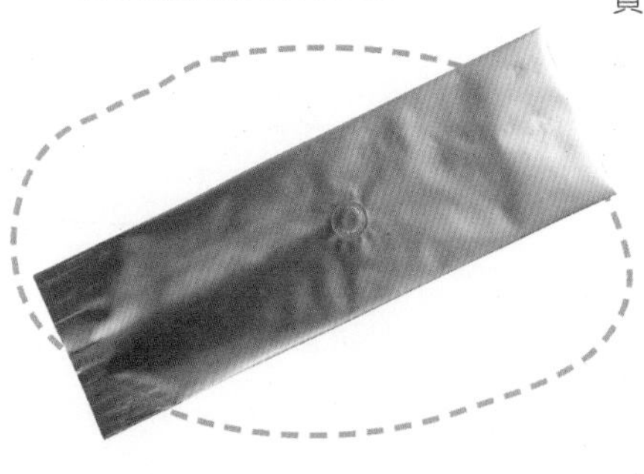

▲不透光開放式平口單向排氣袋。

筆者時常聽到一些朋友這麼說著：「某某人從國外帶回來很貴的牙買加藍山送我，這麼貴的東西要慢慢喝，細細品嚐，才對得起某某人……」因而將咖啡熟豆一放再放，短則數週、長則數月，相信仍有許多人抱持相同的想法，但事實上品質越好的咖啡豆，就越不應該放到風味衰退的時候才拿來品嚐，試想：這麼貴的咖啡豆為什麼值這些錢？為什麼不在味道最好、最新鮮時就喝完呢？

新鮮烘焙好的熟豆，美好的香味最多只能存活兩週，因此一次最好不要買多於兩週的用量。舉例來說，以一個人每天煮兩杯份虹吸式咖啡計算，每天用豆量約30克，那麼兩週就是420克，那麼就大概一次買一磅重（454克）的豆子就好；假使你對新鮮度要求更高，那就一次買半磅的量，喝完再買，這樣你便時時可以享用最香醇的新鮮咖啡了。但如果家裡的咖啡蟲眾多、消耗量很大，才考慮一次購買多一點量。

熟豆的另一個殺手就是「熱」。熱會使得熟豆內的香味成分揮發速度增快，直接造成風味衰退。在四季分明的地區，自己在家裡煮咖啡的人可以很清楚地發現一個現象，在冬天時熟豆可以放得比較久而風味衰退的程度較不明顯，在夏天則相反，這就是保存溫度所造成的差異。適合存放熟豆的溫度是18℃～25℃之間，如果要存放到更低溫的環境，就必須注意冷熱溫差造成的水氣凝結問題。

Point！

另外，我們也必須注意幾個時常忽略的小地方，比方你在咖啡館裡喝到的咖啡明明就很香，為什麼買回家裡煮就沒那麼香了？其中有一個可能的問題就是發生在回家的這段路途上。許多人都是開車或騎車當外出的代步工具，有時稍一不注意，便把剛買來的熟豆放在車廂、置物箱裡，開車的你也許在回家之前會中途停下來辦別的事，將熟豆遺留在車上，接受高達4、50℃的高溫悶烤，此時咖啡豆內的易揮發成分就開始大量排出；相同地，放在摩托車置物箱裡的熟豆，也是處於接近40℃的高熱環境，如果放在裡面的時間一久，香味也會揮散掉泰半。

許多人會問：熟豆到底放在室溫保存較好？還是放進冰箱好？前段提及最佳的保存溫度其實都是在室溫的範圍內，前提是「新鮮烘焙」的熟豆，既然都你已經對新鮮度有所要求，想必也非常了解新鮮與不新鮮的風味差別，能盡量在風味大幅轉變前就飲用完畢是最理想的！時間最好在一週內，如果其他保存條件（如包裝方式、室溫等）都良好的情況下，事實上不用特別將咖啡豆放進冰箱存放，徒增變數。

萬不得已要將用不完的熟豆存放較長時間的話，為減緩咖啡豆風味變化，必須經過特別小心的「小袋密封分裝」，才能放進冷藏室中保鮮。冷藏室中不可有其它食物的異味，否則哪天你喝到了有魚肉或鹹菜乾味的咖啡，可別怪罪到賣咖啡豆給你的人身上！簡易的塑膠密封罐放進冰箱後因為熱脹冷縮的原理，上蓋與罐身各有不同的縮小比例，於是產生了破壞密封的縫隙，因此絕對不要使用這樣的密封罐冷藏，完全沒有任何保存的效果！此外，千萬不要將咖啡豆放進冷凍庫裡！

第二節 選購適用的磨豆機

入門者須知

相信你也有這樣的疑問：為什麼不直接買磨好的粉就好？

原因就出在「新鮮度」及「易揮發香脂」兩方面，相信你也能輕易理解下方的解釋：

▲整粒咖啡豆與磨好咖啡粉。

1. 咖啡豆的風味成分是由「香脂」而來，而香脂是由數百種化合物所組成，其中主宰著香氣的卻又極易揮發，在「整顆完好」狀態下的咖啡豆，「香脂」中的易揮發成分散逸的表面積小，香味才能夠撐到一週左右。

2. 「已研磨成粉」狀態下的咖啡，由於「香脂」中的易揮發成分散逸的表面積比整粒狀態增加了數十到數百倍，因此香味散去的時間更短，一般來說，磨得越細，香氣散掉越快，保守估計從磨成粉開始的5分鐘後，香氣就弱了一半以上。

3. 除了香氣散掉之外，另一個同時在破壞咖啡風味的潛在敵人就是「氧化作用」，新鮮烘焙好的咖啡豆因為本身還繼續排出二氧化碳，可以暫時抵擋氧化作用進行，但是磨成粉狀後，抵擋的時間也相對縮短許多。「香脂」裡面的某些化合物成分，容易與氧結合而產生質變，直接影響到風味的結構，因此，如果拿一杯現磨咖啡粉煮成的咖啡，與一杯已研磨超過5分鐘的咖啡粉煮成的咖啡，兩者相比，即使使用的是相同的咖啡豆、煮法、時間等接近一致，你也能很容易地靠味覺、嗅覺分辨出新鮮與不新鮮的差別。

相信現在你應該更清楚「新鮮現磨」的重要性了吧。

在舊式咖啡館、賣場及網路拍賣中，時常可以見到聲稱咖啡豆可以「保鮮六個月」、「賞味期三個月」、「有單向透氣閥可以防止香味散去，所以可以放六個月」等等，事實上都是荒謬的說法。以實際的角度來檢視，除了Illy昂貴的充氮金屬罐及需要高度注意溫差濕氣的冷藏保存法可以真正做到長期保存，其它在常溫狀態下保存的方式，香氣及風味的高峰期至多一週，保存良好在兩週左右還在適合飲用的可容許程度，保存不當或是烘焙超過兩週的咖啡熟豆，都不能喝到咖啡最好的味道！至於包裝好的咖啡「粉」，還聲稱「能放三個月」，相信聰明如各位讀者，應該都能清楚判斷。

選擇你的第一台磨豆機

要選購你的第一台磨豆機，請先問問自己你的目標是什麼：

a. 單純享用一杯有咖啡味的咖啡？

b. 有心研究如何煮出一杯好咖啡？

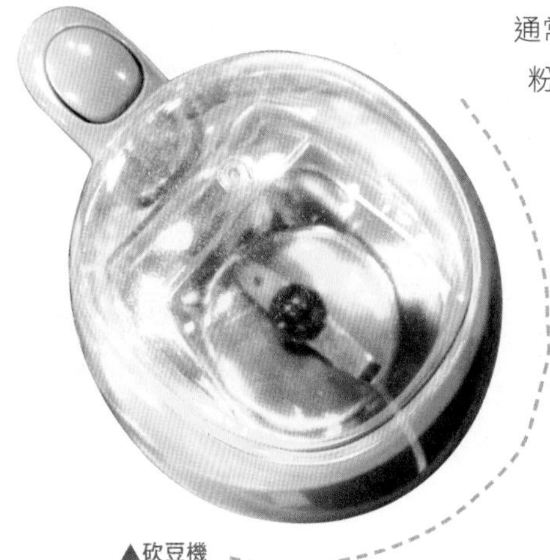
▲砍豆機

通常開始學煮咖啡的人都以為：「反正只要把咖啡豆打成粉就可以煮了，為什麼要花那麼多錢買很貴的專用磨豆機？」這個觀念似是而非，事實上要煮好一杯咖啡，沖煮器材本身的影響，遠遠不及磨豆機的影響力。這也是為什麼你在咖啡館喝到的那杯滋味如此清楚富變化，但是買回家之後煮出的卻是混濁、滿是雜味的主因之一！

選擇a.的你，對於杯中物沒那麼注重，那麼你可以盡量買個便宜、能把咖啡豆磨成粉的工具就可以了，郵筒形手搖磨豆機是一個實惠的選擇，大約只要台幣550元上下；許多剛入門的人（包括筆者本身）都曾經因為預算問題，認為圖中這一類的砍豆機是初學最適合的機種，但是在買了之後，很快便後悔當初為何不先買專用的磨豆機就好，因為砍豆機砍出來的顆粒粗細實在差異太大，砍碎時間長，易因過熱而使部分的香氣提前揮發。一般價位由台幣600～1,500元不等。強烈「不推薦」使用！

而選擇b.的你，雖然心中有煮出好咖啡的理想，但是礙於預算問題，一開始可能也必須錙銖必較，用較低的價格選擇一部速度快、研磨穩定性堪用的電動磨豆機，這時你必須鎖定的是在台幣3,000～6,000元的範圍區間，在這價位中可以選擇的款式不多，只有Solis 166及其姐妹品Maestro等型號、台製的小飛馬（600N）、小飛鷹（CM300AU）等，這幾台磨豆機各有優缺點，但若以研磨均質度來分，Solis錐刀式磨豆機可能是這價位中較佳的選擇。

假如你很在意杯中咖啡的質感，希望能做出不輸給咖啡館喝到的味道，那麼請先有個心理準備，你必須在「立足點」上先取得與咖啡館接近的條件，這個立足點指的就是硬體設施，而磨豆機佔所有硬體重要性排行第一，它主宰著咖啡豆被研磨的顆粒均質度，越均質的顆粒，受熱水萃取才會平均，才不易煮出過多雜味，掩蓋了其他美味的成分。

研磨均質造成的差異，可以很清楚由煮出來的咖啡液風味畫面分出，但很現實地，研磨品質越好的磨豆機，價格是以等比級數向上跳躍的，筆者雖然深刻體認磨豆機優劣的差別，但也不建議初學者一開始就投注大把鈔票買最好的一台，這樣雖然省得日後升級的麻煩，但卻失去了「由比較中感受到研磨品質差異」的過程。如果你想體驗這過程，目標應先放眼在「準營業級」到「營業級」之間的機種，從台幣8,900～22,000元的範圍裡，選擇的項目就多了，像是以往台灣知名度較高的Rancilio Rocky、近年來才竄紅的台製準營業磨豆機900N、901N、國內外一致公認價格、品質比最高的Mazzer Super Jolly都在這範圍內，你不必每一台都買來試過，可以先從中挑一台，之後再跳上Mazzer Super Jolly或更多其他當今市面上能見到的最頂級磨豆機，就能體會筆者所言，想認識其他更頂級的磨豆機，請參閱第三章第四節「磨豆機的重要性」，筆者將在該篇中為各位做個較深入的比較分析。

第三節

水質的重要性

水質與風味有何關連？

水質問題主要分為兩個重點來探討：一是水質軟硬度（Water Hardness），另一是水的酸鹼值（pH值）。

1.水質軟硬度部分

水質軟硬度的測量基準，是以「水中總溶解固體」（Total Dissolved Solids，簡稱TDS）的數值高低來決定的，計量單位是「百萬分之一」（ppm）。一般來說，適合沖煮咖啡的水質硬度是介於100～200ppm之間。

硬度過低的軟水，要花費相對較長的時間，才能溶出適當量的可溶性成分，容易有萃取不足的問題；硬度過高的硬水，很容易滲透進咖啡顆粒的中心並快速通過，因此很容易萃取過多中心位置的味道，包括好的味道與不好的味道。

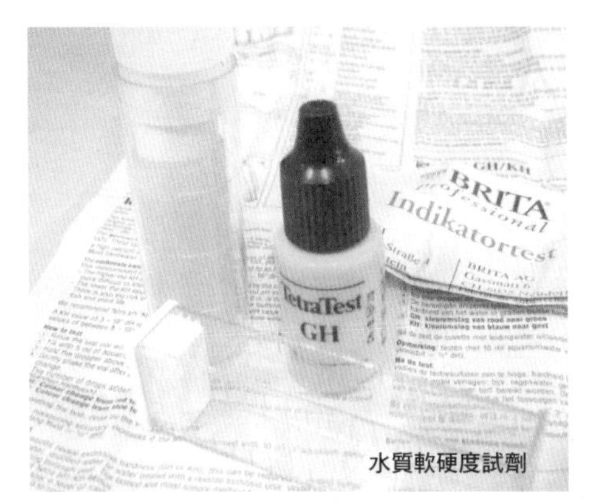

水質軟硬度試劑

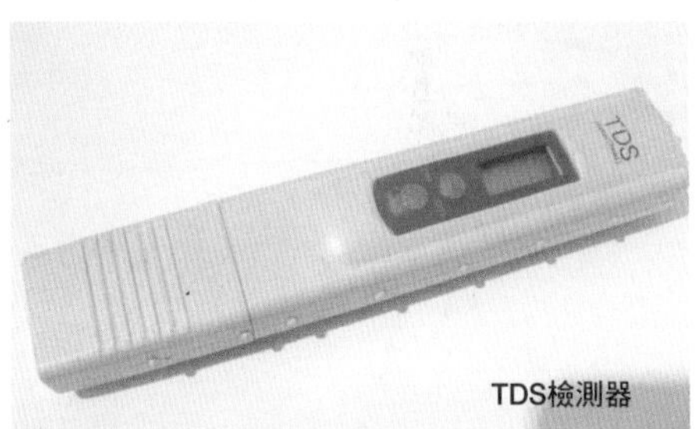

TDS檢測器

▲▼感謝桃園市水漾國際有限公司提供產品拍攝。

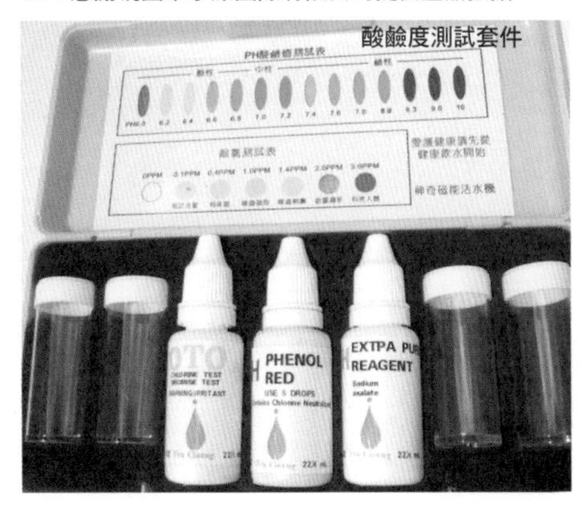

酸鹼度測試套件

2.水的酸鹼值部分

在趨近中性（pH 7.0）酸鹼值時的水較適宜用來沖煮咖啡，但通常水中略帶一點鹼性物質（如鈣、鎂），使水質呈現微鹼狀態，煮出來的效果會更棒！比方說使用純水來煮咖啡，煮出的味道就比使用山泉水（含有適量鹼性礦物質）煮的咖啡少了點甘美的滋味。

兩者之間也有一點關聯，比方說偏酸性的水通常水質是較軟性的，而偏鹼性的水通常水質較硬，這跟水中含有的鹼性礦物質有關。

台灣各地水質現況

台灣各地的水質差異甚大，其中以大台北地區、由翡翠水庫供應水源區域的水質最佳，山區的山泉水水質也是不錯的，只是偶爾會有不穩定的情形，其他大部分區域的水質都不甚理想，近年因水土保持不良，經過幾次風災後，水源區土石流問題逐漸浮出檯面，各地皆被日漸嚴重的水質問題所困擾著。水質混濁，因此裡面所含的異物、微生物也相對變多，必須藉由添加高量的氯才能除去大部分微生物（阿米巴原蟲、細菌等），在以往都是使用自來水直接煮沸十分鐘的方式，讓氯揮發，但是光是煮沸，也只能將易揮發的物質除去，另外水中還可能還有一些重金屬離子（如鐵、銅、鋅、碘等），水煮沸也除不去，這時就得靠濾水設備來輔助。

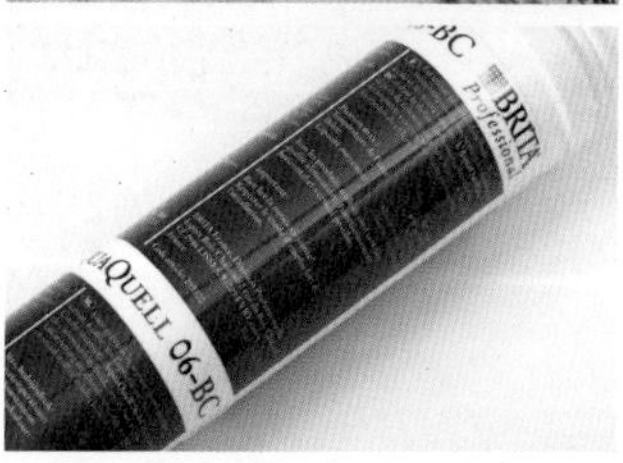

左圖／愛惠浦MC單管。右上圖／NSF認可標章。右下圖／Brita AquaQuell 06-BC單管的照片。

使用濾水設備有兩個主要目的：首要者是過濾水中有害人體健康的物質（有些物質會與咖啡中某些化合物成分結合成奇怪的味道），另一個則是保留適當有益人體健康的礦物質（恰好可以增添些許風味）。

煮咖啡用的是要喝的水，當然先求乾淨，再求口感。因此在選擇煮咖啡的用水方面，我建議初學者可以先比較看看RO水、活性碳過濾器過濾的水、Brita濾水壺過濾的水、山泉水等幾種水，都拿來試試看。其中RO水幾乎不含任何鹼性礦物質，Brita濾水壺及活性碳過濾器過濾的水則有適度的鹼性礦物質，山泉水的鹼性礦物質含量則不穩定，有時適度，有時則會過量，造成水質過硬，會煮出較味道怪異的咖啡。

當你開始覺得用RO水煮的咖啡味道太少、醇厚感太薄時，又嫌濾水壺滴得太慢、山泉水太不穩定，那你就該思考在家裡裝設一套適合煮咖啡用的濾水設備。目前在台灣較普遍的這種濾水設備品牌，以愛惠浦（Everpure）MC／MH濾芯及Brita AquaQuell 06-BC的單管濾芯等生飲水設備的能見度較高，另外也可以選購經過美國NSF認可的其他品牌濾水設備，只要能保留適當的礦物質成分，並有效濾除不必要的物質，都可以考慮。這些生飲水設備通常能提供較穩定的水質，對於台灣這個水質差異很大、自來水消毒過度的地方來說，是不錯的投資。

不過考量到這些濾水器的壽命問題，筆者建議各位若身處水質較差區域者，在濾水器前端最好加裝簡易的兩道或三道過濾，將水中大部分的泥沙、雜質擋下，可以延長後端昂貴濾芯的損耗程度。

第二章

給剛開始學煮咖啡的你

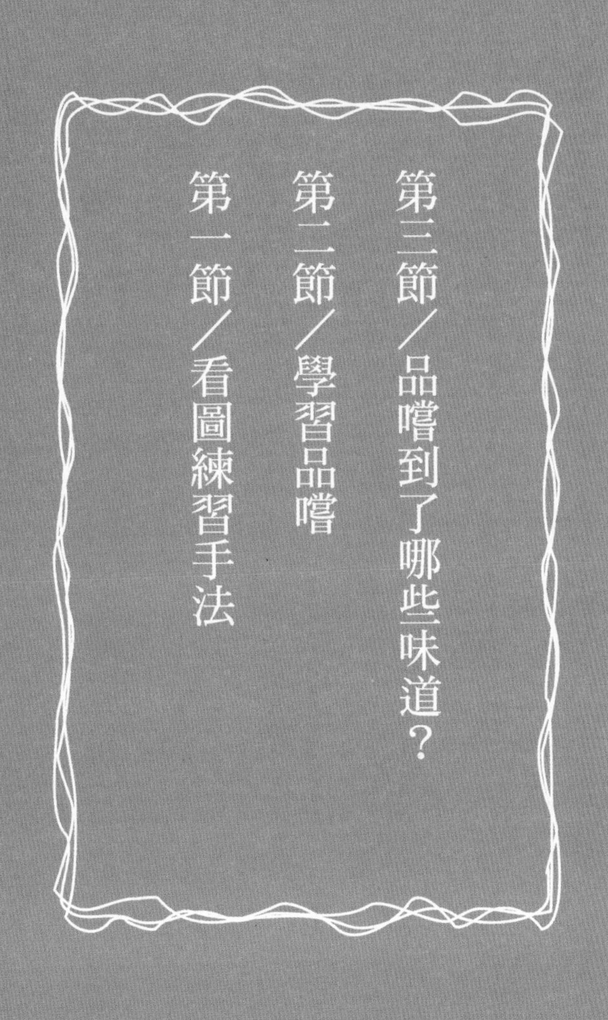

第三節／品嚐到了哪些味道？

第二節／學習品嚐

第一節／看圖練習手法

第一節 看圖練習手法

入門第一步，依樣畫葫蘆

本書第四到第七章為各式沖煮法的攻略內容，每篇的最前面是特別為初學者設計的「看圖照做」步驟，有別於坊間大部分書籍，不以含糊不清的三五張圖片就帶過，而是將各個重點環節都盡力拍出來，重點步驟則以不同角度，再輔以箭頭指示說明，讓你的入門之路更輕鬆自在，也更能直接意會本書沖煮步驟的精要！

◀手沖式咖啡壺。

▲虹吸式咖啡壺。

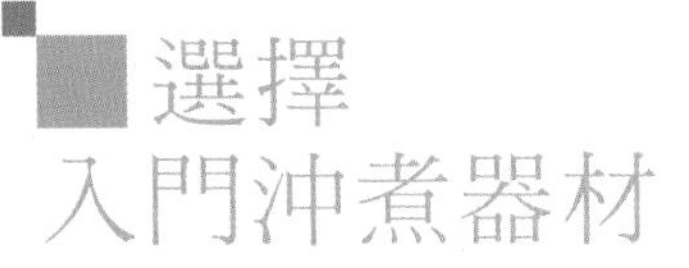

選擇入門沖煮器材

以往我們認識的傳統式煮咖啡器材僅有虹吸式咖啡壺、手沖式兩大體系，不斷接觸的結果，就是累積了較充足的相關使用知識；近十年來，國人對於Espresso的認識也是如此。但是隨著科學界逐步揭開咖啡豆的神秘面紗之後，各種新奇的沖煮器具也不斷地被研發出來，現在正是百家爭鳴的時刻，或許這讓剛入門的你產生一點點困擾，不過筆者在此誠心建議你，剛開始請挑選「手沖式」或「虹吸式」這兩種任一種沖煮法，好好運用已經發展了數十年的沖煮知識，將沖煮的觀念與手法都熟稔了，行有餘力再開始研究別的沖煮法，由已知再推向未知，可收事半功倍之效喔！

人為沖煮差異

如同修練功夫一樣，依樣畫葫蘆是為了學會煮咖啡的「形」，用這個方法當然可以煮出不錯的咖啡，但是卻不能讓你次次如意，回回順心，原因就在於你對煮咖啡的其他變數不夠了解，無法見招拆招。這時你需要的就是回過頭來檢視各個沖煮環節上的細部變數了。

其中最大的變數就是「人」，人是煮咖啡的導演，他對於一杯咖啡的認知及要求，會直接影響到詮釋的手法、風格。人的個別差異是一種不確定的因素，每個人對於咖啡味道的認知、需求都各有不同，每個人習慣的沖煮方式、手法也各有所宗，因此造就出咖啡世界的千變萬化，這也是咖啡的迷人之處之一。

但是，當煮不出好咖啡的時候，我們總不能一味地抱著鴕鳥心態，放任自己，然後又推托給「隨興就好」這個萬惡詞彙。相信會讀到這裡的你，都是很認真想要知道該怎麼煮得好又穩定，因此第一步，便是要宣示「放棄隨興」的決心。

與「人」有關的不穩定沖煮因素有以下幾種：

1. 先天味覺差異上的不同：每個人吃過的、喝過的東西項目多寡不一，因此在味覺經驗上就有了顯著的差異。一個人吃過的東西種類、味道較豐富，則他／她的味蕾有可能就比其他人稍微靈敏些。味覺越靈敏的人，通常也較能煮出好喝的咖啡。味覺是可以靠後天訓練的，因此味覺靈敏度較低的人，也可以經由一些味覺訓練來提升這種能力，詳情請參考本章第二節「學習品嚐」。

2. 對咖啡味道的刻板印象：許多人對咖啡的印象不是苦就是澀，其實這是遭到錯置的畫面，咖啡的味道是由近千種的化合物成分所構成，於情於理都不該只有苦跟澀兩兄弟來涵蓋所有其他的味道，這是非常荒謬的一件事。在咖啡的世界中，「苦」是碳化的產物、「澀」是烘焙處理不當的結果，撇開這兩個被拿來廣泛曲解咖啡的味道不談，其實還有著許多精彩的畫面等著你一一發現，因此我建議大家先放下這刻板的印象，還給自己味蕾一個空白的位置，才能真正發現咖啡世界的美貌。

▲這杯咖啡到底會是什麼味道？沒嚐過前，可千萬別妄下論斷。

3. 個人味道偏好差異：每個人對味道的偏好不盡然相同，也有各自的偏好，因此很容易憑著某一次的飲用經驗，而去喜歡或是討厭某一種咖啡的某種味道，這是個兩面刃的事，也許因為這樣的一次經驗，你才踏上了深入了解咖啡的路，也許又是因為這個經驗，使你遠離了某些味道受到不當詮釋的好咖啡。味道偏好並不是什麼不好的事，只是在我們還沒全然了解某一種咖啡豆的風貌之前，不應該被一兩次的經驗所左右，應該要多多嘗試，再決定是否真的不喜歡那種咖啡豆。

4. 沖煮環節各項動作的差異：在未經有系統教學過的情況下，每個人在沖煮動作的差異是非常大的。經過了有系統的教學之後，雖然可以將個別差異縮小，仍不免保留了些微的操作差異，比方說每個人對於攪拌時機（虹吸式）、注水手勢（手沖）或是填壓方式（Espresso）都有不同的解讀，造就了沖煮結果的不同。有一套可依循的系統來學習是必要的，本書也是為此目的而生。

5. 單打獨鬥與多方交流的差異：煮咖啡絕對不是一個可以自己關起門來、在家就可修練成功的至絕武功秘笈，也沒有人天生就是煮咖啡奇才、不用練就煮得好的。如果只是單純煮一杯咖啡，那就如花拳繡腿一般容易，只是招式中破綻百出；要學會煮一杯「好」咖啡，也不是看了書、簡單比劃兩下就可以，你不但得按部就班地從最基本的紮馬步做起，練了招式之後還要勤於與人切磋、練習，盡量將動作上的差異性減到最低。走出象牙塔，才能出手就是好咖啡！

第二節 學習品嚐

酒與美酒　茶與好茶　咖啡與好咖啡
靠品嚐劃出區隔線

第一步 累積品嚐經驗

前一節最末處提到，想煮好咖啡的其中一項重要關鍵，就是要走出象牙塔、多與其他人交流。「交流」的意義當然不只限於沖煮技術層面而已，而在於讓你得以有更多的機會，品嚐到除了自己以外的人所煮出的咖啡。你可以在本書附錄B「沖煮技術自修資源」中，找到各地舉辦沖煮技術交流的場所，就近參加。

學會「品嚐」是讓你沖煮技術能夠進步的基石。「品嚐」與「飲用」是兩種不同層面的事，我們必須多方比較、與其他人共同討論每杯咖啡中的味道，便能快速累積自己的品嚐經驗，成為一個懂得欣賞的品嚐家。

自己一個人在家煮、喝的盲點，就是缺乏比較，因此若你沒有跨出去這一步，是很難知道自己煮得到底是好是壞。飲食的道理大同小異，在台灣及中國，大家比較熟悉的是茶，優等茶、甲等茶與茶包，同樣都是茶，但是為何價格會天差地遠呢？同樣拿優等茶來沖泡，一個見過世面的茶道高手，跟一個從未研究沖泡方法的人，讓他們沖泡10壺的茶，前者得到的平均結果必定比後者明顯地好。茶道高手也曾經懵懂過，但是由於他跨出了自己的世界，敞開心胸去認識其他人的茶，更進一步學習真正的茶之道，才能比一般人更了解各種茶葉的特性，進而沖出一壺一壺的好茶！煮咖啡當然也有所謂的「咖啡之道」，只要你願意，這條咖啡道就離你不遠！

學會品嚐是邁入更穩定的進階沖煮法的先決條件，但是對於初學的你，可能還不是那麼能適應好咖啡帶給你的複雜風味衝擊，因此你必須摒棄先入為主的觀念，像是「酸」、「苦」兩大主要味覺評判語，假使你以往有過不太愉快的品嚐經驗時，便容易將這兩種詞彙的真義誤解。

我時常打一個比方：「酸，單獨來看不容易欣賞；但若是與甜味、香氣相結合，這種酸就變得美妙。就好比檸檬與百香果的差

▲在日常生活中的各種食物、飲料，都可以拿來當作練習品嚐的比對樣本。

別，哪個不酸？百香果的滋味美極了，不是嗎？」「苦，有西藥苦、中藥苦、接近高純度黑巧克力的苦甜感、烘烤堅果類皮膜的苦……，大部分的苦是因為烘焙過深造成，有的苦是生豆吸進的外在環境怪味、有的苦則是生豆本質就帶著的。不是所有的苦都好，也不是所有的苦都不好。簡化來說，令人感覺停留非常久、不舒服的苦，就是不好的苦；令人感覺非常難受的酸，就是不好的酸。」

各位讀者們在品嚐方面的認知必須重新洗牌一次，如此一來，煮咖啡的技術才能因為品嚐經驗的提升而有所進步。

第二步 區分「喝」與「品嚐」的不同

1.品嚐的功能

品嚐是為了要區分「風味細微差異」及「價值」而產生的一種行為。同樣來自於瓜地馬拉一安提瓜產區的兩款咖啡豆，假設都送進同樣的精製處理廠處理，也會因為細微的生產環境差異，造成細微的風味特徵差異，這細微的差異有可能是風味缺陷多寡的差異，這時就與「價值」產生直接的關係了！簡地來說，缺陷風味越少、美好風味越多，則咖啡豆的價值越高。

2.品嚐需要用到的感官

主要分為嗅覺、味覺及觸覺。嗅覺的感受部位主要在鼻腔、上顎及喉頭，這三個地方都有對香氣較敏感的受器；味覺及觸覺最主要的感受部位就是舌面。國外研究味覺的專家指出，舌面上可以概

略分成四個區段，分別對甜、鹹、酸、苦的味道有不同的敏銳反應，請見右圖示意。

【舌面味覺分布圖】

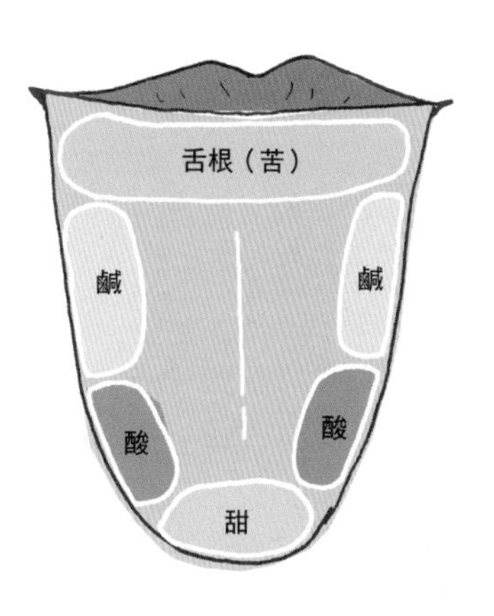

3.品嚐的動作分析

「品嚐」與「喝」最明顯的分別就在「動作」方面的表現。我們必須從咖啡液從入口到落喉這段路程來區分。

「喝」是最平常的一種飲用形態，也是一般人最不經意會使用的動作，就像喝水、普通飲料一樣，一次入口的量較多，甚至像牛飲一般接續不停地灌注，從舌尖直接滑入舌根到喉頭，順暢到底，因此通過的味覺及嗅覺受器面積較小，感受到的味道較片面，難以評斷出咖啡各項風味的強弱及細部特徵表現。

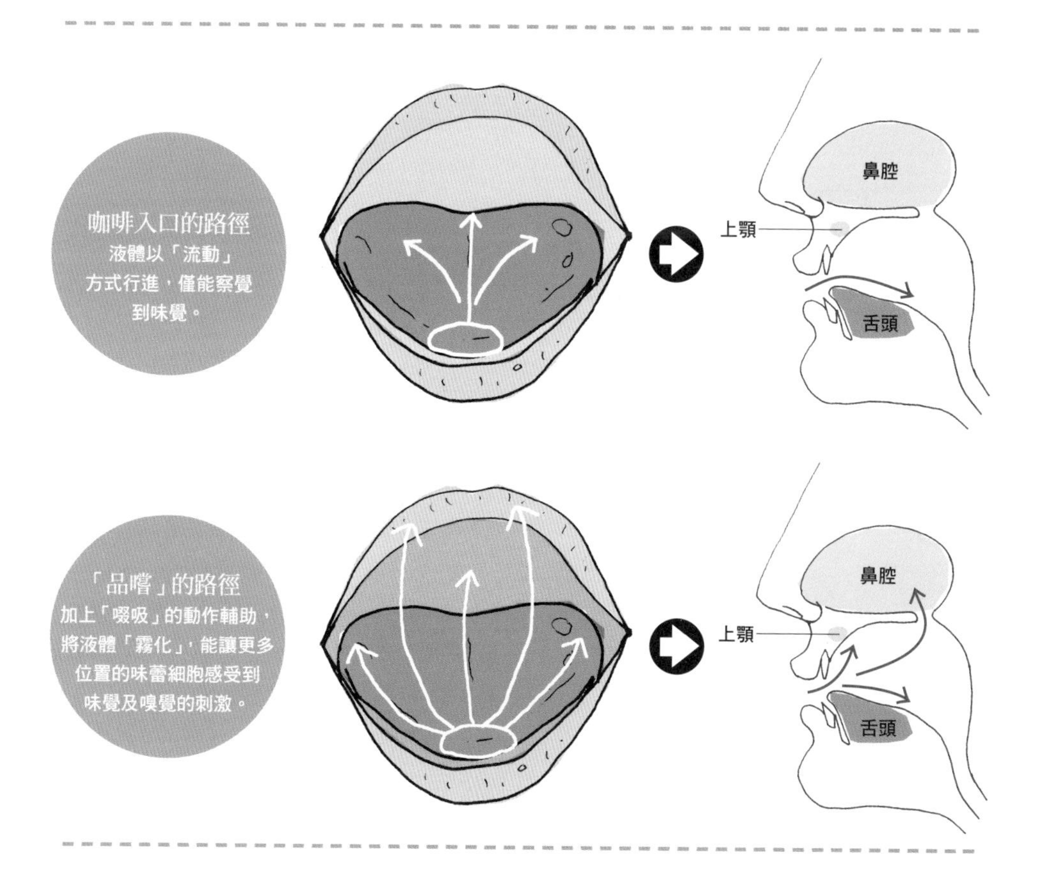

「品嚐」的動作則是為了擴大味覺、嗅覺的感知面積而設計，一次入口的量較少（約3～5cc），除了流經舌尖、舌根等部位的味蕾受器，以「啜吸」（Sip）的方式將液體霧化，讓舌兩側、上顎、鼻腔等部位的味覺、嗅覺受器都能接收到咖啡的各種味道及香氣。

4.從哪些方面「品嚐」

茶的好壞要觀其「色、形、香」，酒則是「色、香、味」，咖啡的品鑑方向也不遜於前兩者，但特別著重在「香、味、醇」三方面，細項可分為「乾香氣強度」、「濕香氣強度」、「酸味強度」、「醇厚感強度」、「滋味變化／層次感多寡」、「後味／餘韻強度」及「整體協調性／均衡度」等七個方面。另外可以依不同烘焙深度的詮釋，用文字描述的方式補註其他更明確的味道名稱，讓品嚐的資料更齊全。詳細的品嚐用詞彙介紹，請參閱第三節的「品嚐到了哪些味道？」

第三步 認識「杯測法」

「杯測法」（Cupping／Cup Testing）是用來快速評斷咖啡風味特性的一種方式，設計之初衷並不是為了要「品嚐」咖啡的好味道，而是為了在眾多咖啡豆之中去蕪存菁，把味道不好的挑除掉，因而產生這種簡便的測試方法，讓測試的流程及時間縮短許多，到最後一回合，剩下的都是味道較好的咖啡豆，才是要分出風味不同之處的時候，這時或許有點像是真正在品嚐咖啡，比較的就是細微的味道差異了。學習杯測的方法，除了可以幫助你找出某款咖啡在風味上的缺陷，有時杯測結果甚至還能激盪出新的混豆方向（用於研發Espresso的配方）。

接下來直接切入主題，進行正式的杯測法須依照下面幾個步驟，分別是準備杯測用的器具、咖啡豆樣品、香氣評價、味道評價等，國際標準中甚至還為杯測空的環境條件設下規範，提升評判準確性。

A.桌面器材準備

1. 國際評比杯測時，通常會為一支豆子準備6～10個杯子，將這些

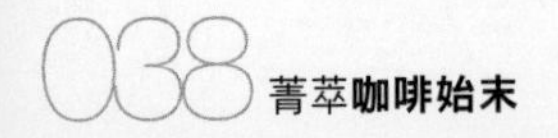

杯子排列成一個三角形。

2. 三角形的頂端放置咖啡豆的生豆樣品（Green sample）及剛烘好的熟豆樣品（Roasted sample）。
3. 準備兩個杯子，一個裝溫開水，另一個則放置杯測用的圓形湯匙若干。
4. 在杯測流程跑完之前（包括嗅聞乾、濕香氣，啜吸咖啡液分析風味特性），把生、熟豆樣品蓋住，待杯測完成後再打開，依外觀做最後的評鑑，這樣可以避免「目測印象」的缺失。

▼杯測桌面器材準備。

B.咖啡豆樣品準備

1. 粉量每杯使用8公克，必須是新鮮烘焙並現磨的咖啡粉，杯測專用杯是6盎司（約150～180cc）大。
2. 沖煮濃淡以100cc用5.5克粉量為準。
3. 研磨刻度與手沖濾紙式的細度（或是較快完成的法國壓用研磨刻度，比標準的法國壓刻度還細）。
4. 必須使用極淺烘焙的咖啡豆（Agtron 65）*，時間點大約是一爆開始後30秒即停止烘焙，離第二爆還挺遠的。在這個烘焙度之下，我們可以較輕易分辨出咖啡豆帶有的風味缺陷、甜度如何？香氣經過深烘能保留多少？每一份樣品豆的烘焙度必須盡可能一致，可以比對各樣品豆研磨之後的粉粒色度，但必須放在黑色紙張上比較才不會偏差太多。

*「Agtron」是一家專門製造近紅外線分光光度計（Near-Infrared Spectrophotometer）的公司，此處以Agtron字樣代替分析出的咖啡粉粒內含物質量多寡及著色深度，號數越大，代表烘焙程度越淺或剩餘物質越多，95、85、75、65、55、45、35到25，共分8個等級，各配有一個讓儀器比對專用的色卡（Color Discs），由於價格高昂，一般人較難負擔得起，是歐美的中大型咖啡烘焙商以及全世界較進步國家的食品工業品管部門，都必須配備的精密儀器之一。順道一提，Agtron公司的負責人就是發明四角填壓法的卡爾．史道伯（Carl Staub）先生。

C.香氣分析&杯測步驟

1. 使用過濾後的水加熱，同時在另一旁嗅聞剛研磨出來咖啡粉的乾香氣。

2. 注入接近沸騰的水到杯中，再順便倒一些熱水預熱旁邊的湯匙。

3. 嗅聞濕香氣的第一印象，此時先不將懸浮的粉層破壞。

4. 靜置2～3分鐘後，用湯匙撥開粉層，湊近杯緣嗅聞濕香氣的主體氣味，之後再將懸浮的咖啡粉攪散並壓至杯底。切記：請先將濕香氣評分完之後，才可以攪散咖啡粉。

5. 每試一支新的樣豆，中間都要將湯匙以熱水沖洗乾淨。將所有樣品的濕香氣都下過評分之後，用湯匙舀去杯中仍懸浮著的咖啡粉顆粒，雖然在淺度烘焙之下的咖啡顆粒此時大多已經沉到杯底了。

①

②

③

④

⑤

D.滋味／層次感特性分析

當咖啡液冷卻得差不多時，以湯匙舀一些咖啡液，並大力啜吸使液體呈噴霧狀散布在舌頭表面，「大力啜吸」在品評作業中是非常重要的動作，這個動作可以讓舌頭表面更完整、均勻地接受霧化咖啡液的覆蓋，此外還能使得一部分的咖啡液深入喉頭以及鼻腔，讓鼻腔的感受器也有香味的知覺，根據專家研究指出，人類直接從鼻子嗅聞咖啡液表面的氣味強度，遠遠弱於啜吸後由咽喉通道傳遞上來的氣味強度，也許是因為通過咽喉通道的路徑上有著更多的嗅覺受器分布的緣故。咖啡的主要風味來源是各種芳香化合物成分，如果在飲用咖啡時將鼻孔捏住，鼻腔一旦被阻塞住，喝起來就會類似一杯即溶咖啡，正是因為缺少了嗅覺的香味感受；當鼻腔再度打開時，又可以分辨出兩者的不同。

將你對滋味變化、酸味、餘韻以及醇厚度（觸覺）的評比寫下之後，換下一支不同的樣品，試著比較出不同豆子之間的異同。通常在咖啡冷卻之後，人的舌頭會察覺更多的味道，因此杯測時，微溫時要測一次，放冷到室溫時再測一次，本質優異的豆子在這兩個階段都會有很好的風味特質，不會因為溫度改變而變得難以入口。

若你一次要測兩種以上的豆子，建議你每評比完一回後，就把口中的咖啡吐掉，別將每一口咖啡都吞下，過多的咖啡因會干擾到味覺敏感度。

E.杯測室環境

杯測室的環境也是整個程序中相當重要的一個細節，不當的環境會讓杯測者的判斷失去準確性。杯測室應具備下面這些條件：

1. 具有自然光線。陰暗的空間對於人類嗅覺靈敏度有很大的影響。
2. 室溫應保持在20℃～25℃間。
3. 室內濕度應控制在50%～70%之間，濕度過低會影響人類的嗅覺敏銳度。
4. 杯測室的周圍環境應該要非常安靜，進行杯測時也嚴禁交談。
5. 最佳的杯測時間是在上午10～12點之間（未進午餐），以及下午4～6點之間（未進晚餐），在這段時間，前一餐在腹中的食物已消化的差不多了，但還不太餓。
6. 精神不集中也會對杯測結果造成很大的影響，造成精神不集中的原因有：生病、睡眠不足或是心理壓力過大。
7. 每個樣品豆至少要備齊六份杯子，以三角形狀排列，依序為頂端1杯，第二排2杯，第三排3杯。
8. 在此三角形的上方放置該支豆子的生豆、熟豆樣品，在進行杯測的同時可將這兩項樣品蓋住。

在杯測桌上應備有數杯裝有熱水的杯子，供清洗湯匙用；另外一些杯子裝1／3杯室溫左右的開水以及2／3熱開水，供杯測者清洗口中殘味用。

第四步 開發自己的味覺、嗅覺感知位置

A.舌頭的味覺訓練

先前提及的「味覺分布圖」只是概略性的告訴各位舌頭某些部位對甜、鹹、酸、苦味各有感受較靈敏的約略位置，但事實上，人類的舌頭其實是一個全面味覺的受器，每個人的味覺靈敏區段不盡相同。此外，各種風味彼此間的結合還會產生新的風味，因此，訓練自己的舌頭，發掘你自己的各個味覺區塊，以及學習各種味道相結合後的變化是很重要的課題。

發掘自己的味覺區塊非常簡單，只要準備砂糖（甜）、鹽（鹹）、檸檬汁（酸），以及奎寧（quinine，被認定是苦味的滿分元素，通寧水中有這個成分），將各個樣品稀釋，以毛刷沾少許的稀釋液，刷在舌面上的某一區塊上，最好刷在與標示的味覺區塊不同的位置。比方說，將糖水刷在舌尖以外的地方，看看哪些部位也可以感受到甜味，在標示的味覺區塊中，舌尖對甜味最敏感，但你應該還可以發現其他的也感覺得出甜味的部位。其

後，用相同方式試試其他的味道，並與其他人比較你們感受部位上的異同。實驗方向如下：

1. **將稀釋過的糖水（甜味）分別刷在舌兩側中段、後段及舌根。**
2. **將稀釋過的鹽水（鹹味）分別刷在舌尖端、後段及舌根。**
3. **將稀釋過的檸檬汁（酸味）分別刷在舌尖端、舌兩側中段及舌根。**
4. **將稀釋過的奎寧液（苦味）分別刷在舌尖端、舌兩側中段及後段。**

開發完成這四種味道的基本區塊後，再試著將不同的味道混合，嚐嚐看加在一起時會產生什麼現象。比方說，將甜與酸兩種味道混合，你是在各別感受區塊上清楚分出兩個單一味道，還是在另一個區塊發現新的味道？繼續將其他幾種味道混合並嚐嚐看，最後將四種基本味道都混在一起嚐，畫下句點。你可請另一個人幫你混合這些樣品，讓你嚐嚐看。當你能夠完全分辨這些味道間相互的關係以及變化，才算完全開發好你的味覺了，此時才有資格進入「杯測評鑑」這個較為複雜的領域，也才能分辨出更細微的味道差異。實驗方向如下：

1. **兩兩成對混合品嚐**：共可做出6組混合實驗（甜—鹹、甜—酸、甜—苦、鹹—酸、鹹—苦、酸—苦）。
2. **三種味道混合品嚐**：共可做出3組混合實驗（甜—鹹—酸、甜—酸—苦、鹹—酸—苦）。
3. **四種味道混合品嚐**：只有1組混合實驗。

B.嗅覺及其他香氣感知的訓練

嗅覺的主要感受器官為鼻腔，另外還有上顎、喉頭等次要嗅覺部位，在接受某些具揮發性的化合物刺激後就會感受到，揮發性化合物在「啜吸」（Sip，將部分咖啡液轉變成氣體狀態再吸入）時及「吞嚥」（Swallow）後再呼出的氣體中，會被嗅覺受器察覺到。人類的鼻腔可以感受數千種不同的氣味，即使是普通人也能感受出2000～4000種不同的氣味。

平時在做呼吸（Breathe）這個動作時，氣味只會被鼻腔部位的受器察覺到。但若做出啜吸或是吞嚥的動作時，會迫使這些氣味分子接觸到面積更廣大的嗅覺區塊（上顎及喉頭），進而讓我們能感受到更強烈的氣味刺激。

嗅覺敏感度是因人而異的，而且也可能受到外界因素影響。人的個別生理構造、生理狀態、精神狀態，都有可能影響到嗅覺敏銳度，這一點我們可以印證於同一次煮出來的咖啡，端到不同人面前，每個人對於其氣味上的感受皆不盡相同。另外，即使是同一人，煮同一款咖啡，但在不同時間，這個人會對這一支咖啡有著些微不同的感受。因此咖啡杯測員必須依靠的是長期以來累積的氣味記憶，而不是對某種香氣短暫的印象。當同時有兩種以上的嗅覺刺激來源時（通常在食品中都會有這樣的情形），都會發生下列六種情況之一：

1. 聞起來變成另一種新的氣味，是由這兩種原本的氣味特性混合而產生的。
2. 當此兩種氣味截然不同時，可以很明顯地分辨何者為氣味的主體，何者則較弱。
3. 氣味可能交替地出現。
4. 兩種氣味自然而然地浮現，但氣味是不太一樣的。
5. 其中一種氣味蓋過另一種氣味。
6. 兩種氣味剛好互相抵銷。

在咖啡的領域中，上述六種情況隨時都可能發生，這也是為什麼咖啡的風味特性會使人聯想到其他天然物質的原因，也正好因為這種特性，我們可以藉著多聞聞各種不同食物、花草、樹木，或是其他週遭可以用來當對照基準的氣味，開發自己的嗅覺資料庫。比方說你不清楚「蘑菇味」是什麼，你就可以去市場買一些蘑菇，在未清洗之前，裝一些到乾淨的碗中，鼻子湊近到距離5～10公分處嗅聞，你就清楚那是什麼氣味了；相同地，你也可以使用不同的花朵、不同的水果、不同的食物、或是其他容易取得的香味實物，湊在一起，讓你的嗅覺資料庫更豐富。

事實上嗅覺並不能靠訓練而讓所有人的靈敏度都一致，但是開發嗅覺之後，可以用來比對的基準資料變多了，那麼當你品鑑咖啡的香味時，就有更多元化的描述方式，替這杯咖啡增添一些趣味性。

第三節
品嚐到了哪些味道？

學習「品嚐」不是為了當專家，是為了認識咖啡原貌

許多人有這樣的疑問：我完全沒有任何經驗，要怎麼分出這些味道是什麼？我做出的品鑑分數有意義嗎？事實上，正式的品嚐鑑賞是我們尋常人很難去觸及的領域，原因是受到了「味覺經驗」及「比較基準」兩方面經驗不足的限制，本書目的並不是要將你訓練成國際評審之類的角色，但是至少要讓你知道如何開始用品嚐的角度來欣賞一杯咖啡，並累積更多的味覺經驗，認識世界上形形色色的各種好咖啡……當然，也要認識什麼是不好的咖啡。

學會品嚐的方式，你就能真正體會到每一個產區的咖啡豆味道到底不同在哪，往後也不會以簡單的「咖啡味很香濃」這種形容方式，抹煞了每一種咖啡該被重視的「獨特性」。

前一節提到的七大品嚐細項，都是必須以「比較」的方式來評比，而比較的依據便是你原先具備的「味覺資料庫」，在一開始學習品嚐時，你的味覺樣本數可能太少，缺乏比較基準，這時你需要的就是多喝、多試，把比較基準放大；但是一個人在家煮、自己一個人嚐，要有突破性的進展非常困難，一方面是因為你能取得的咖啡豆種類有限，並且受限於購買點的烘焙詮釋方式，另一方面則是一般咖啡館販賣的咖啡豆是無法分辨等級高低的，因此要藉由咖啡館提供的咖啡豆來練習品嚐，實際上會有許多盲點。這時你就該出門走走，往「有聚會的地方」去取經了，咖啡聚會有趣之處在於可以喝到不只有咖啡館詮釋的咖啡豆，還包括一般非業者、玩家所烘焙的各種等級更高的咖啡豆，可以讓你更清楚認識每個產區來的咖啡風貌，除此之外，由一群較具品嚐經驗的人來帶領你學習品嚐，也是最快能讓你領悟品嚐技巧的方式。請參考附錄B「沖煮技術自修資源」，就可找到各地有咖啡聚會的地方。

七大品鑑項目與七項主要風味類別

前一節提到品嚐的七大評鑑項目，是依據泰德・林格（Ted Lingle，美國精品咖啡協會的元老）編著的《咖啡品鑑指導手冊》（*Coffee Cupper's Handbook*）而列出的，經過筆者稍作改良，先以味道的「強度」來給分數，喝到、聞到的味道像什麼，則保留起來另外寫在文字描述中。

1.乾香氣（Dry Fragrance）

咖啡豆剛研磨成粉時所散發出的氣味，屬於嗅覺的評價，依強度區分為1～10分，越強得分越高。若需加註文字描述，可以註明乾香氣的基調走向，像是醬油味、肉乾味、核果味以及發酵酒香味等。

2.濕香氣（Wet Aroma）

在杯測法裡指的是撥開粉塊時散發的氣味，為方便讀者做評斷，本處可以實際沖煮完成後散發的氣味來替代，亦屬於嗅覺評價，依強度區分為1～10分，越強得分越高。濕香氣的基調就五花八門了，從核果類香、花生香、牧草香、薄荷香、花香、柑橘香、酒香、藍莓香、水蜜桃香等等，族繁不及備載，如果你能分辨出來，就一併將香氣的特徵記錄到文字描述中，當作這支咖啡豆的身分證註記之一。

3.酸度（Acidy／Acidity）

又稱為明亮度（Brightness），指的是咖啡液入口時感受到的酸味強度，屬於味覺評價，依強度區分為1～10分，可以用其它食物的酸味強度來做比較，比如說最強的酸味是檸檬的酸，如果在咖啡液裡喝到同等的酸味強度，就是10分，如果完全喝不到酸，就給最低1分。

4.醇厚度（Body）

又稱為動態（Movement），指的是咖啡液在口腔、舌面上流動造成的重量感，屬於觸覺評價，與味覺完全無關，依強度區分為1～10分，可與開水的觸感當做比較基準1分，觸感越厚、越滑，則得分越高，像未稀釋蜂蜜或是融化的黃奶油有最高的濃稠度，觸感可評10分。但如果是由於咖啡果實未熟成或烘焙失敗的咖啡豆造成的收斂性澀感（Astringency），則不能列入醇厚度的評鑑中，這種收斂性澀感可以視為烘焙失敗或是生豆品質不佳的指標。

5.滋味變化度／層次感（Flavor／Dimension）

指的是咖啡液入口後滋味的活潑程度，像是香味變化及嚐味變化等，入口後若能感受到非常多元、多種層次的變化，就代表滋味豐富、層次感高，得分就越高。依強度區分為1～5分，但可以依味道好壞給予正分評價或是負分評價，屬於可扣分的項目，你也可以依照實際喝到的味覺，給予文字補註。

6.後味／餘韻（Aftertaste）

指的是將所有咖啡液都嚥下喉之後，回吐出來的氣味與殘留口中餘味的總體感覺，依強度區分為1～5分，也可依感覺好壞給予正分評價或是負分評價，屬於可扣分的項目。

7.整體協調感／均衡度（Overall／Balance）

不管前面6項各自的分數為何，這杯咖啡你嚐起來覺得整體協調嗎？有沒有某些味道特別突兀？總分10分，依照突兀風味出現的比例高低扣分，扣到0分為止。

簡易咖啡豆品嚐記錄表

咖啡豆名稱	產國：	產區：	莊園名：
記錄日期　年　月　日	烘焙深度		
文字描述：		乾香氣1～10	
		濕香氣1～10	
		酸　度1～10	
		醇厚感1～10	
		滋味／層次 ±1～5	
		後味／餘韻 ±1～5	
		整體／均衡 10－×	

最後需不需要加總各項評分呢？事實上這個評分方式並不是要讓各位做專業咖啡豆評鑑的工作，而是要讓你更清楚知道，你常在喝的咖啡豆有哪樣的風味特性，最後的總分高低並不一定代表一款咖啡豆的絕對好壞，而是協助你將咖啡豆的各項風味特性以數據記錄下來，方便日後做比較。

將數字部分評價完成後，可以再針對各項目的味道特徵加以文字補述，使這份品嚐記錄的風味特徵更完善，做好了這一份記錄之後，日後品嚐到其他種類的咖啡豆時，可以更清楚分出其中的差異所在。至於要使用哪些描述的詞彙，有兩大方向可以參考，一個是國際品嚐用術語的詞庫，另一個則是用日常生活中最接近的食物味道或其他淺顯易懂的氣味名詞來描述，為這個步驟增添一些聯想力，與人分享時就更方便了。

另外還有七項主要的風味類別，你可在練習品嚐時，對照其特性描述，如下：

1. **「苦」**（Bitterness）若比例較高時，苦的味覺最容易被察覺出來，且會將其他的味覺覆蓋，造成最明顯的不均衡感。

2. **「酸」**（Acidity/Acidy）是第二種會被察覺的味覺。酸味適當且與香味、層次感結合得很剛好時，酸就屬於良質味，但是當酸味特別突兀、與其他味道相互衝突時，這種酸就是不是我們要追求的。

3. **「鹹」**（Salty）是第三種浮現的味覺，通常咖啡豆裡都會帶有比例不等的鹹味因子，與種植環境及儲存、運送等都有一點關係。鹹味因子含量極低時，沖煮之後所呈現的鹹味特性就較不明顯，有時候會帶出像蕃茄、鳳梨抹點鹽後再吃的效果，讓整體畫面稍微圓潤些；當鹹味因子含量稍高一點，鹹味太過明顯，就會貼舌久久不散，造成相當不舒服的後韻（Aftertaste）。

4. **「甜」**（Sweetness）是這四種主要味覺中最後才被察覺的味道，強度會依咖啡豆的「轉糖化」（Saccharification）完整度有直接關聯。轉糖化與「焦糖化」（Caramelization）是在兩種不同溫度層發生的現象，前者是由大分子的澱粉類轉變為較小分子的糖，而後者是將糖的含碳比例提高，產生若干的焦化氣味。甜味的強弱與糖的總量高低有關，焦化之後並不會提升甜味的強度，反而會減弱。相關資訊請參閱第三章第三節「了解不同烘焙深度的味道差異」。

5. **「香」**：分為乾香（Fragrance，研磨時散出的氣味）及濕香（Aroma，沖煮完咖啡液散出的氣味）。主宰著香氣的風味成分，是其中最容易揮發掉的化合物，但卻是新鮮咖啡的靈魂。

6. **「澀感」**（Astringency）的成因有二，一是咖啡豆在果實階段，未完熟的果實被拿來直接處理成生豆，未完熟的咖啡果實跟未完熟的水果一樣，本身澀味重、甜味少，含有多量的未完熟咖啡豆，通常都是劣質、較廉價的，除非烘到非常接近碳化的程度，否則這種澀感非常難以去除；第二個原因是烘焙階段的處理方式疏失，即使是完全成熟的咖啡豆內部，也會含有強弱不等的單寧（Tannin）等澀感成分，在烘焙時期如果能以適當手法處理，這種澀感是可以被修飾去除的。澀感會直接附著在舌面，造成舌頭有類似痳痺的觸感，因而失去嚐出其它味道的能力。因此如果在一杯咖啡中喝得到這類明顯的澀感，可以肯定問題必定出在咖啡豆或烘焙功力這兩方面。

7. **「醇厚感」**（Body）是一種觸覺的評判項目。醇厚感高，表示咖啡液內含的可溶性物質多，造成舌面觸覺的感受越稠、越沉重。非水洗處理類的咖啡豆在醇厚感表現上較好，水洗處理類的則較稀薄。

本土化的描述方式
運用熟悉的味道類比

將抽象的風味（味覺及嗅覺、觸覺的總稱），轉換成具象的名詞，才能有效率地將特定的一種咖啡豆特性，以文字及數字的形式記錄下來，並賦予這種咖啡豆一個比較依據，可以將其歷年來的各項特性強度增減交相對照，除了表面上「賞析」的目的外，還能藉以判別自然環境變遷對於咖啡豆風味變化的關聯，對於咖啡樹種植的研究也頗有助益。

但歐、美人士的飲食習慣、料理風格及調理方式都與東方人大相逕庭，因此在味覺、嗅覺方面的描述用語，對東方人來說也顯得陌生，如有興趣知道歐

美專用品嚐術語，可參考下一小節由筆者整理出來的表格，其中有許多怪異的風味類比方式（如腐蝕性的苛性鈉味、石碳酸味、雜酚油味等），一般人很難以理解這些味道到底像什麼，也不會特別為了學習品嚐而特地買這些東西，若說要上SCAA（美國精品咖啡協會，http://www.scaa.org/）網路商店去購買專業香瓶來訓練自己，其昂貴的售價又會將許多人嚇跑了。於是就造成了一種無形的隔閡，東方人也因此總是離咖啡品鑑的世界有一段不短的距離，在咖啡逐漸融入我們生活的節骨眼，這現象並不是很好的，所以不論如何，我們也必須找出讓東方人更熟悉、淺顯易懂的類比詞語，拉近我們與品鑑世界的距離。

我們可以將嗅覺、味覺及觸感三方面來找出類比的方向，將一些我們原本就熟悉的詞彙加入。

1.嗅覺類比方向

a. 令人愉悅的部分：玉蘭花香（馬路上常有人賣的香花）、水仙花香、茉莉花香、桂花香、玫瑰花香、薄荷涼香、迷迭香、薰衣草香、杏仁茶香、金萱茶香、蘋果香、檸檬香、橘子香、肉干香、核果香、醬油香、烤甘蔗甜香、烤地瓜香、水煮花生香、蔘茶香等等，以及其它未提及、卻聞起來舒服的氣味。

b. 令人不適的部分：燒輪胎味、燒焦味、瀝青味、橡膠味、倉庫味、濕氣、霉味、食物腐敗味、汗臭味、臭水溝味、普洱茶磚味、鹹菜乾味等等，以及其它未提及、聞起來不舒服的氣味。

2.味覺類比方向

a. 令人愉悅的部分：似水果的酸中帶甜味、似高純度黑巧克力的苦中帶甜味、似吃蕃茄加鹽的鹹中帶甜味、各種甜味較強的水果味；

b. 令人不適的部分：過於刺激、久久不散的酸（檸檬、白醋）、鹹（精鹽）、苦（中藥湯及某些西藥嚼碎後的苦）、膩甜（攝取過多濃縮糖漿時）。

3.觸覺類比方向

a. 觸覺強的部分：融化的黃奶油、糖漿、巧克力醬、鮮奶油、濃湯等。

b. 觸覺弱的部分：水、稀釋後的果汁、花草茶等。

將這三方面的感受分清楚後，一一用你自己的感受經驗記錄到文字描述的地方，就能夠開始建立屬於你自己的咖啡風味檔案夾了！建立這個檔案夾的功能就在於比對每個月、甚至每年你拿到的咖啡豆味道，來源相同的咖啡豆在基本風味屬性上每年不會差異太大，但是會有強弱程度的區別，分出這樣的差異，你就已經算是具有「品鑑能力」的鑑賞者了！

國際化的描述方式 SCAA專用品嚐術語

筆者針對SCAA提出的咖啡風味詞彙表，再加以補充分類、說明。當然，由於這一份專用品嚐術語是由歐美地區人士所編纂，有許多類比物品是歐美人士熟悉、但國人較不熟悉的，因此我們可以參考其中我們熟悉的部分就好！

如果你對於專業品鑑非常有興趣，也可以到SCAA的網路商店上，選購專用的香瓶（Le Nez du Cafe Standard Set），內含一套36種不同的香味樣本（Aroma samples），是訓練品嚐師的標準配備之一，唯一缺點是所費不貲，有興趣的可以到附錄B，找到SCAA的網路商店。

A.嗅覺部香味（Aromas）

泛指以鼻腔、上顎等部位感受到的氣味，與實際物品氣味類比。

第一組： 本組以生豆發酵過程而產生的氣味來分類。本組的香氣揮發溫度點最低，會在咖啡豆被研磨成粉狀時，就開始揮發。很不幸地，這一組香氣卻是「香氣系」咖啡豆中最令人愛不釋口的味道，非常容易因為沖煮過久而消散殆盡。

花香型 Flowery	花朵香 Floral	茉莉花香Jasmine 冬青樹香Wintergreen
	香精／精油香 Fragrant	小荳蔻／葛縷子香Cardamom／Caraway 紫花羅勒／茴香Sweet Basil／Anise
果香型 Fruity	柑橘香 Citrus	檸檬香Lemon 橘子香Tangerine
	莓果類香 Berry-like	覆盆莓香Raspberry 黑莓香Blackberry
植物香型 Herby	蔥蒜類香 Alliaceous	洋蔥味Onion 蒜味Garlic
	豆類香 Leguminous	甘藍菜味Cabbage 紫花苜蓿味Alfalfa

第二組：本組主要是烘焙過程中的焦糖化所形成之芳香化合物，揮發性稍微弱一些，因此在剛沖煮好的咖啡液中仍可以明顯的表現在濕香氣上，甚至在喝下咖啡液後呼出的鼻韻中也可以發現。本組之香氣與嚐味之各項特性相結合，就會形成各種不同咖啡豆的風味特徵，這兩項因素正是主要用來判別同產區、不同款咖啡豆的方法。

焦糖化的附屬產物，主要是因為烘焙過程而產生。由於乙醛和酮這兩種物質會較早發展出來，造成在淺焙階段（Light-City Roast）的咖啡通常會有一種核果味（Nutty）出現；繼續烘焙，糖分子隨著熱度持續增高而漸漸轉變成焦糖的型態（Caramelly），因此，在中度烘焙（Full City Roast）程度的咖啡豆中都會感受到一股焦糖的風味特性；到了更深的維也納式烘焙（Vienna Roast），焦化的糖分子漸漸轉變成明顯的巧克力風味特性。再往後烘焙下去，會將本階段產生的附屬產物燒毀，因此本組的香氣特性「不會」出現在重度烘焙豆（Dark Roast）之中。

核果型 Nutty	核果類香 Nut-like	花生味Peanut 杏仁果味Almond
	穀類香 Malt-like	玉米味Corn 大麥味Barley
焦糖型 Caramelly	糖果類香 Candy-like	太妃糖味Toffee 果仁糖味Pralines
	糖漿類香 Syrup-like	蜂蜜味Honey 糖蜜味Molasses
巧克力型 Chocolaty	巧克力類香 Chocolate-like	Bakers牌黑巧克力味Bakers 荷式巧克力味Dutch
	香草類香 Vanilla-like	瑞士巧克力味Swiss 蛋奶製軟質冰淇淋味Custard

第三組：本組之氣味主要是咖啡豆纖維在自焙作用中產生的，揮發性最低，可以在剛嚥下的咖啡液餘韻（Aftertaste）裡感受到。

樹脂型 Resinous	松油類香 Turpeny	松木味Piney 植物香脂味Balsamic
	藥類香 Medicinal	樟腦味Camphoric 桉（尤加利）樹精油味Cineolic
香料型 Spicy	溫和類香 Warming	肉荳蔻味Nutmeg 胡椒味Pepper
	刺激類香 Pungent	丁香味Clove 百里香味Thyme
炭化型 Carbony	煙味 Smoky	柏油味Tarry 菸草味Tobaccoy
	灰燼類味 Ashy	燒焦味Burnt 炭味Charred

B.味覺部嚐味（Tastes）

泛指由舌頭上味蕾感受到的嚐味味覺。此處有許多味道的形容詞，是我們較不熟悉的用語，筆者特別針對各個詞彙的屬性加以註解，讓味道的界定更清楚些。

特別一提，在較多情形下，苦味味覺會直接關聯到有毒物質或是具腐蝕性的物質，因此強烈不建議讀者將苦味類提及的物品拿來嚐，別拿自己生命開玩笑！

第一組：酸味類（Sour）

嗆酸型 被鹹味減弱的酸Soury	偏鹹的嗆酸Acrid
	偏酸的嗆酸Hard
酒酸型 被蔗糖甜減弱的酸Winey	偏酸的酒味Tart
	偏甜的酒味Tangy

第二組：甜味類（Sweet）

酸型 被酸味增強的甜Acidy	偏酸的酸甜Piquant
	偏甜的酸甜Nippy
溫和型 被鹹味增強的甜Mellow	偏甜的溫和甜Mild
	偏鹹的溫和甜Delicate

第三組：鹹味類（Salty）

清淡型 被蔗糖甜減弱的鹹Bland	偏甜的柔軟鹹Soft
	偏鹹的中性鹹Neutral
銳利刺激型 被酸味增強的鹹Sharp	偏鹹的粗糙感Rough
	偏酸的澀感Astringent

第四組：苦味類（Bitter）

粗糙刺激型 酸味較明顯的苦Harsh	偏苦的強烈辛口感，鹼味Alkaline
	偏酸、腐蝕性的苛性鈉味Caustic
強烈辛口型 苦味較明顯的苦Pungent	石碳酸味Phenolic
	偏酸的強烈辛口感，雜酚油味Creosol

C.缺陷味（I）

缺陷風味的出現，與儲存環境不良以及烘焙不當有關，下方表格依成因來區分各類缺陷味的屬性。帶有某些缺陷味的咖啡豆不見得是不好的，像是濕土壤味、陳味、草味、皮革味等等，由某些產區出來的咖啡豆可能就靠這些味道來顯示它的「身份」，但是大多數的缺陷味仍是屬於令人不適的風味類型。

外部變化	脂質吸收外部氣味	濕土壤味 Earthy	清新的土味Fresh Earth
			潮濕的土味Wet Soil
			腐植土味Humus
		地板味 Groundy	蘑菇味Mushroom
			生洋芋味Raw Potato
			豌豆味Erpsig
		泥水的濁味 Dirty	塵土味Dusty
			混濁味Grady
			穀倉味Barny
	脂質吸收外部氣味而改變嚐味	霉味〔I〕 Musty	尚未看見霉但已有味道Concrete
			剛開始有霉出現的味道Mildewy
			表層被霉覆蓋的味道Mulch-like
香氣缺陷		霉味〔II〕 Moldy	發酵似的酸味Yeast
			澱粉味Starchy
			衣帽味Cappy
		麻袋味 Baggy	香芹酚味Carvacrol
			油脂味Fatty
			礦物油味Mineral Oil
	烘焙失誤	升溫太快的焦味 Tipped	麥片似的味道Cereal-like
			餅干似的味道Biscuity
			臭鼬味Skunky
		溫度太高的焦味 Scorched	烤過頭的焦味Cooked
			燒到焦黑的焦味Charred
			有機物悶燒後的焦臭味Empyreumatic
		焗烤味 Baked	低溫烘烤過度的味道Bakey
			味道平淡Flat
			味道呆鈍Dull

內部變化	有機成分流失	木頭味 Woody	濕紙張味Wet Paper
			濕卡紙味Wet Cardboard
			濾紙味Filter Pad
		陳味Aged	強烈的陳味Full
			圓潤的陳味Rounded
			順口的陳味Smooth
		草味Grassy	青草味Green
			乾草味Hay
			稻稈味Strawy
	「酸」的化學變化	橡膠味 Rubbery	丁基酚味Butyl Phenol
			煤油味Kerosene
			酒精味Ethanol
嚐味缺陷		里約味Rioy	碘酒味Iodine
			煤炭味Carbolic
			刺激的辣與苦味Acrid
		過度發酵味 Fermented	德式泡菜味Sauerkrauty
			尖銳辛辣的氣味Acerbic
			食物殘渣味Leesy
	脂質的化學變化	騷味Horsey	羊羶味Hircine
			動物似的騷味Animal-like
			禽鳥味Gamey
		獸皮味Hidy	（牛、羊等的）油味Tallowy
			皮革似的味道Leather-like
			濕羊毛味Wet Wool
		汗味Sweaty	酪酸味Butyric Acid
			肥皂味Soapy
			乳臭味Lactic

D.觸覺的醇厚感

主要來自於咖啡豆內部不可溶性的纖維、不可溶性的蛋白質以及脂質，在下方分別介紹其角色及作用。越高的醇厚感，代表咖啡液中含的這三項物質越多，使得口中感受到的觸覺重量增加，但不見得風味比較強勁，因為醇厚感講的是「觸覺」，必須與「味覺強度」分開討論。

a. **不可溶性的纖維：**主要來自於研磨時產生的極細咖啡粉，穿透過濾器後留在杯中，靜置一陣子之後就會沉澱到杯底。

b. **不可溶性的蛋白質：**在生豆階段時為較小分子的氨基酸形態，經過烘焙而結合成分子較大的蛋白質，不易溶解於水中，因此會產生類似細小顆粒的漂浮物質，這些蛋白質成分就是「咖啡垢」的來源。

c. **脂質：**咖啡生豆是咖啡果實的種籽部位，因此與其它植物的種籽一樣都含有若干比例的脂質成分。咖啡豆中的脂質扮演著非常重要的介質角色，可以將許多咖啡豆裡的非水溶性物質攜出，帶進我們飲用的咖啡液裡，而這些非水溶性的物質多屬於香氣類的成分，若少了脂質的存在，咖啡可能就不會這麼香，也不會變得如此受你我喜愛了！

d. **前三項結合而成的膠狀物：**前面三項物質經過萃取之後，湊起來就會形成類似膠質的形態，據科學家實驗指出，膠質可以減低人類味覺受器對酸與苦的敏感程度，另外還能將許多易揮發的芳香成分包覆住，使之不會太快消散，這也是為何新鮮沖煮的咖啡香味較豐富，而即溶咖啡幾乎沒什麼香味的主因之一。使用杯測法的沖煮方式可以讓杯中的膠狀物質溶出最多。過濾器材孔徑越小，會將不可溶性物質的量減少，使得留下的膠狀物直接變少；連續加熱時間越長，會使得膠狀物穩定性減低；沖煮完一陣子後，重力的作用會將脂質、纖維質、蛋白質分層，膠狀狀態就會逐漸變稀，使得咖啡液的味道產生些許變化。

醇厚感分別有幾個程度的強弱級數，由強至弱依序為：黃奶油似的（Buttery，咖啡液中脂質含量偏高的狀態，常用於形容Espresso的觸感）、紮實的（Thick，咖啡液中纖維質及蛋白質含量偏高的狀態）、鮮奶油似的（Creamy，咖啡液中脂質含量中度偏高時的狀態）、厚重的（Heavy，咖啡液中纖維質及蛋白質含量中度偏高的狀態）、順口的（Smooth，咖啡液中脂質含量中等的狀態）、清淡的（Light，咖啡液中纖維質及蛋白質含量中等的狀態）、稀薄的（Thin，咖啡液中纖維質及蛋白質含量偏低的狀態）、似清水般的（Watery，咖啡液中脂質含量偏低的狀態）。

品嚐得出細微差異才煮得出好咖啡

學會前面的品嚐方法後，目標開始要縮小，把一些更細部的味道差異都找出來，更可以試著比較陽春級的沖煮設備與進階、高階設備煮出來的味道到底有何不同，也可以藉此檢視自身的沖煮技巧是否尚有可以琢磨精進之處，真正的好咖啡是懂得分辨細微差異的人，才有能力一次又一次地煮出來，因為懂得箇中差別的人，也深諳設備與技術的重要性，不會放過煮出好咖啡的任何機會。

在成為這樣的人之前，可以先配合沖煮的練習，用品鑑的角度進行沖煮問題的診斷，找出一杯咖啡中隱含的問題癥結，看看到底是咖啡豆造成一杯不好喝的咖啡，還是沖煮時的某個步驟出錯？如果咖啡豆不夠好，要怎麼避免煮出不好的味道？

※ 本章參考資料：

1. Coffee Cuppers' Handbook by Ted Lingle.
2. Coffee Research（http://www.coffeeresearch.com/）

第三章

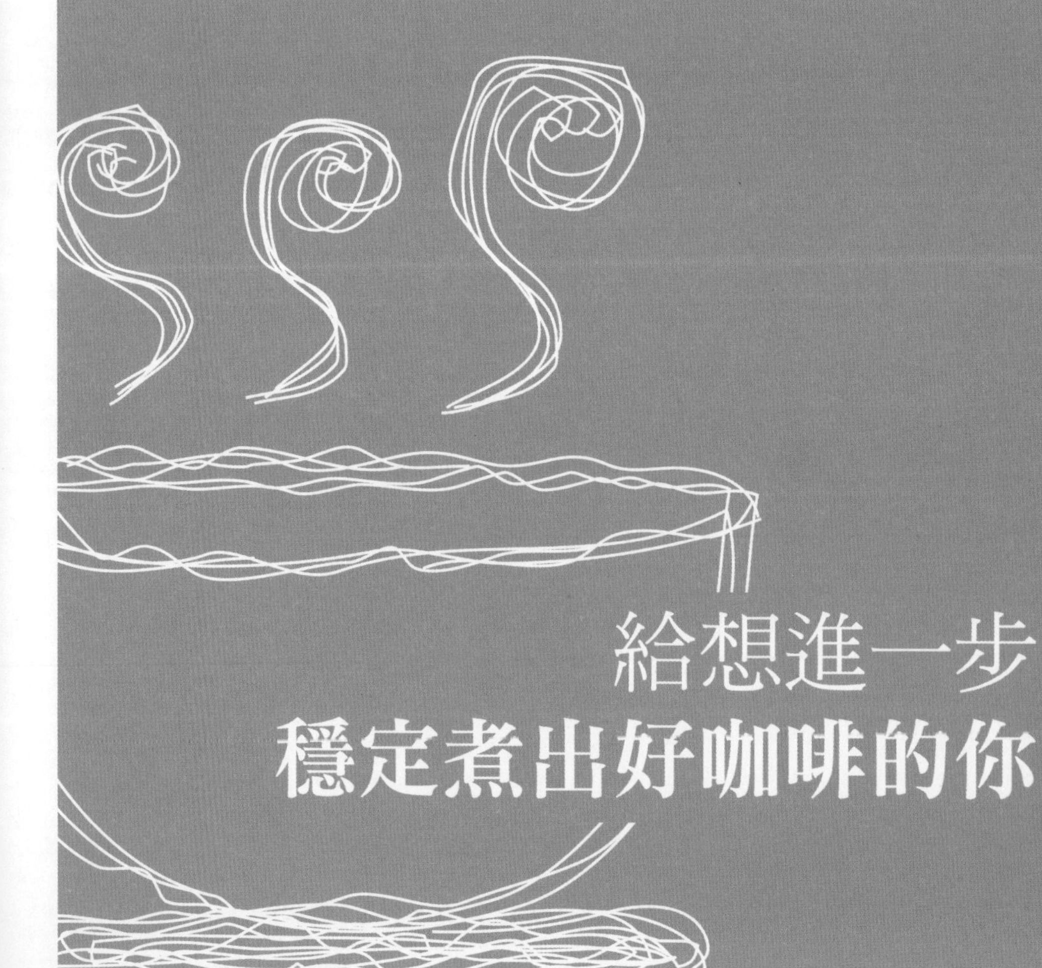

給想進一步穩定煮出好咖啡的你

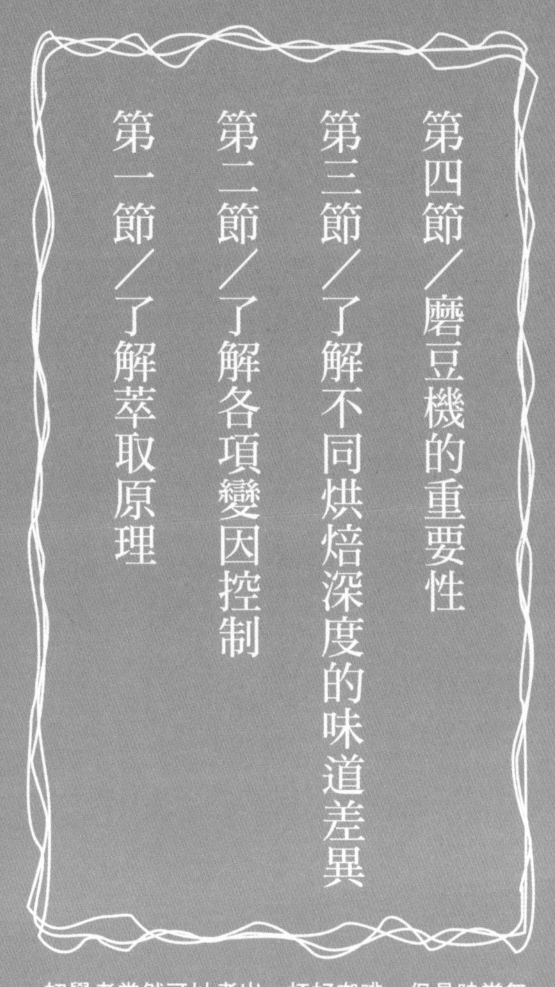

初學者當然可以煮出一杯好咖啡，但是時常無法「重現」。想要讓重現的機率提升，請詳讀本章的建議，再回頭檢視看看自己是否有注意到這些事呢？

第一節 了解萃取原理

這一節的內容將會有點一板一眼，但卻是進階研究煮咖啡不可少的重要觀念。首先，我必須開宗明義地向各位表達本章的要點，就是「我不要滿嘴苦味、雜味、澀味的咖啡！」

有了這個共識，我們就已經進入了一套以「完整呈現好味道，盡量少點不好的味道」為準則的沖煮系統。

背景常識

在正式談「萃取原理」之前，有幾個背景常識必須先有所認知，以方便理解在本章之後提到的內容。

1.萃取的定義

以溶劑為媒介，讓物體內的可溶性成分得以溶出、釋放。在煮咖啡來說，溶劑就是水（冷水、溫水、熱水都涵蓋在內），而物體就是咖啡豆（整顆豆、粗顆粒、中顆粒到細小顆粒都是），詳見下方示意圖。萃取本身就是一種「降級詮釋」的行為，要煮出百分之百的味道，在先天條件上就已不可能，因為在生豆轉變成熟豆的階段，已經過烘焙師修飾，先行決定了這批熟豆的發展方向與留下的風味比例，而買熟豆回家煮的我們，只能就這個既有的方向，找到最適當的詮釋畫面，它不是一張完整的原始圖畫，但可以經由你的詮釋，找到畫中最精髓的區塊。

2.萃取的效率

以單顆咖啡豆來看，研磨的顆粒越粗，則顆粒數目較少，整體釋出風味成分的效率就越慢；相對的，顆粒越細，釋出效率就越快。因此以完整釋放出所有的風味成分為前提，粗顆粒的比細顆粒的花的時間久，因此我們必須為自己所選擇的沖煮法找到一個理想的研磨刻度。（圖1）

另外，咖啡豆烘焙程度越淺，其組織結構越緊密，釋出風味成分越慢；烘得越深，則組織結構越鬆散，釋出風味成分越快。因此淺烘的比深烘的需要更長的時間讓風味成分釋放完全。（圖2）

最後，沖煮溫度越高，可溶出咖啡顆粒中風味成分的種類越多、溶解率越高、萃取速度越快；沖煮溫度越低則相反。因此水溫高的環境比起水溫低的環境萃取出風味成分的時間短。（圖3）

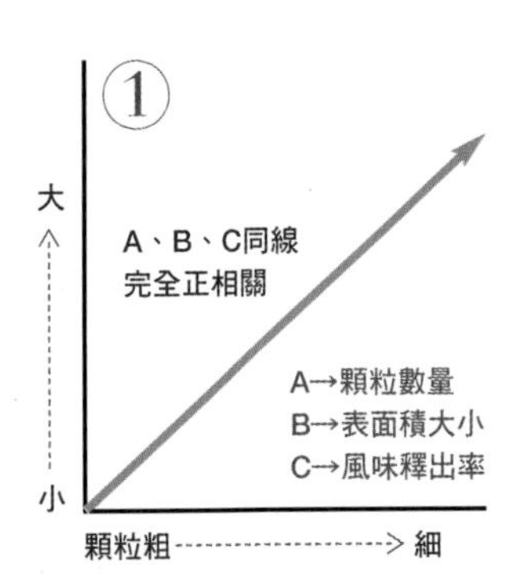

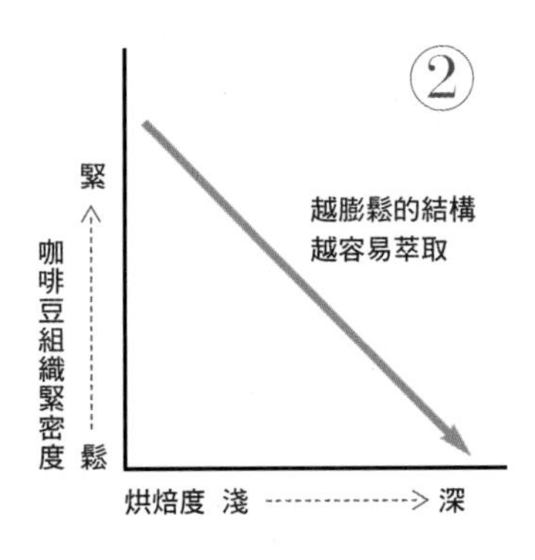

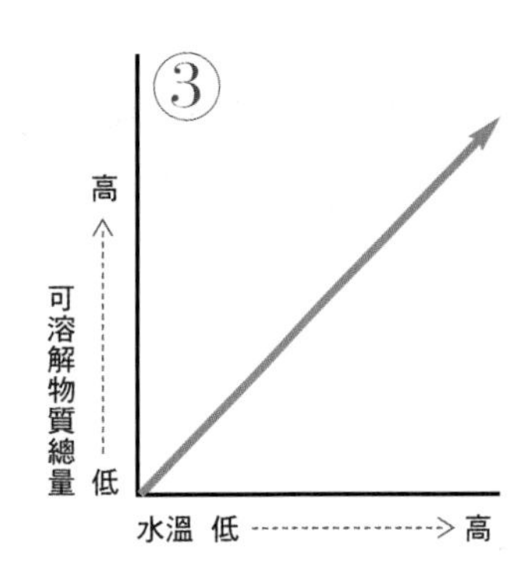

3.萃取的方法

萃取咖啡的原理約略可分為三種：「浸泡」、「燉煮攪拌」及「高壓萃取」，各自有不同的條件需求。選定方法後，才構思萃取目標。

4.萃取的目標

知道萃取效率的差異後，開始進行萃取之前，就必須先行擬定好「萃取出多少成分」的目標，但不是榨出越多成分就越好，像泡茶一樣，只要茶葉還浸在水中，就會一直不斷釋放內含成分，泡久了，就會出現雜味、澀感，造成不舒服的感覺。因此這個目標是在找一個「臨界點」，讓討喜的味道盡量多一點，令人不適的味道盡量少一點。

建立萃取模型

什麼是「萃取模型」呢？

煮咖啡要透過許多單一環節的動作串連而成，它們各自決定了一杯咖啡液的某些特性，在實際進行沖煮之前，我們應該為這些環節各找出一個目標。把環節目標都串起來，成為一套連續的沖煮流程，這就稱為你的「萃取模型」。

萃取模型可以有非常多種組合，對於初學者，筆者建議先將組合單純化，讓變數盡量少一些，有助於你了解更多各項環節的因果關係。當你找到了一種理想的萃取模型組合，往後每一次沖煮，只需要把各環節變數條件套用上去，便可以輕鬆地再次煮出成果接近的咖啡。

比方說，使用虹吸式沖煮法時，你預想的目標是：

1. 使用901N磨豆機5.8號研磨 → 固定變數
2. 92℃的固定份量熱水 → 固定變數
3. 總萃取時間1分鐘 → 固定變數
4. 快速攪拌讓粉均勻浸濕 → 可調整變數
5. 使用濾布過濾 → 固定變數

「固定變數」的項目越多、「可調整變數」項目越少，就可以讓沖煮問題更便於診斷。稍後將會分別敘述控制這些變數的用途。

被列為「固定變數」的幾個項目，都是可以較容易達到的沖煮條件，較偏向「硬體及環境條件」，像是研磨粗細度、萃取水溫、總浸泡時間、過濾方式（在義式咖啡裡，固定變數則是研磨粗細度、固定的咖啡粉份量、盡量穩定的萃取水溫、固定的萃取時間、固定且穩定的壓力），這些項目與「人為」的關聯性較低。

而「可調整變數」部分，就是與「人為」操作較有直接關聯性的「攪拌」（義式咖啡沖煮裡，可調整變數的項目就是「填壓」）。這個環節是最容易出現問題的，需要充分了解「均勻萃取」的觀念，方能把人為因素造成的誤差減到最少。

怎樣是均勻萃取？

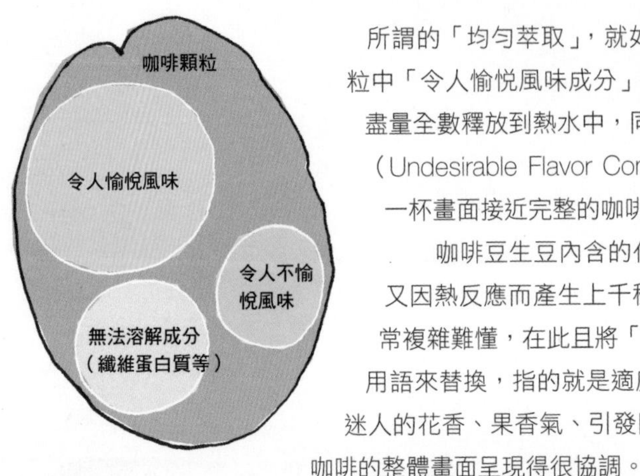

均勻萃取

烘焙過的咖啡豆中有上千種的化合物成分，分為三個族群，分別是「令人愉悅的風味成分」、「令人不愉悅的風味成分」，還有「無法溶解成分」。均勻萃取就是要找出一套規則，讓「令人愉悅的風味成分」釋出量最多，且「令人不愉悅的風味成分」釋出最少。

所謂的「均勻萃取」，就如下方示意圖中描繪，是將咖啡顆粒中「令人愉悅風味成分」（Desirable Flavor Compounds）盡量全數釋放到熱水中，同時減低「令人不愉悅的風味成分」（Undesirable Flavor Compounds）釋出的比例，如此才是一杯畫面接近完整的咖啡。

咖啡豆生豆內含的化合物有數百種，經過烘焙以後則又因熱反應而產生上千種的化合物，由於化合物的名稱非常複雜難懂，在此且將「令人愉悅的風味成分」變換成品嚐用語來替換，指的就是適度如水果般的酸味、溫潤的甜味、迷人的花香、果香氣、引發回甘的巧克力苦甜味等等，可以讓咖啡的整體畫面呈現得很協調。

而「令人不愉悅的風味成分」代表的則是滿佈口腔久久不能散去的苦味、澀感、生味、刺辣感、煙味、焦燥感、煮得過久的雜澀感（像泡得過久的茶一樣）以及過重的鹹味等等，通常這類風味又可分為兩個次類別，一是生豆本質就具有的風味成分，另一則是烘焙疏失造成的風味缺陷。你可以在第二章「學習品嚐」中找到更詳細的品嚐原理、品嚐詞彙以及風味類別，本章第三節則可以更深入了解烘焙與這兩類風味成分之間的關係。

這兩大類別的風味成分，並不會排好隊乖乖照順序跑出來，而是依照萃取溫度層的不同，而有釋放快慢的差異。在使用有烘焙疏失的咖啡豆沖煮時最明顯，咖啡豆中的苦味、焦味、煙味、生味、澀感及刺辣感，都很容易在高萃取溫度的環境下迅速釋放，如果將萃取溫度稍微放低一些，可能只剩下生味、煙味、澀感；但是很不巧地，大多數討喜的風味是需要較高一些的萃取溫度，才能在固定的時間裡釋出足夠的量。由此可知「選擇適當烘焙豆」有多麼重要，如果問題出在咖啡豆的烘焙上，那麼任憑你沖煮技術再怎麼高超，頂多只能透過降低萃取溫度這一招，煮出「不那麼難喝」的一杯咖啡。

烘焙恰當的中、淺焙咖啡豆，內含的「令人不愉悅的風味成分」比例較低，因此比較可以放心地用較高的沖煮水溫（90℃～93℃），盡量萃取出裡面的宜人風味成分，沖煮成功的中、淺焙咖啡有著令人精神為之振奮的明亮水果酸、花果香氣（如茉莉花、玫瑰花、玉蘭花、柑橘及藍莓等等），在酸之後迅速可以感受到成熟果實的甜味（如百香果、楊桃、蜂蜜、太妃糖等等），不帶生味、苦味及澀感，咖啡液色澤是淺褐色至褐色。

但當進入深焙（表面顏色偏深咖啡色、已泛油光）的世界時，即使是成功的烘焙豆，也必須留意萃取出過多的碳化苦味，一方面不想煮出過多不好的味道，另一方面又得盡量將好的味道完整呈現，因此水溫及時間的控制顯得格外重要。沖煮成功的深焙咖啡，味道是成熟圓潤、帶極弱的焦糖香氣及少許苦味、味道甜美、幾乎不酸的，咖啡液色澤是深琥珀色。

淺、中、深焙咖啡豆熟度外外向內剖面示意圖（分成下方兩區塊）：咖啡豆經過烘焙之後，由外而內的熟度不一定相同，總烘焙時間拉得越長，則內外層的熟度差異就越接近。如果是在有將豆芯烘透的前提下，被研磨成細小顆粒之後，較外層（烘得較深、焦糖甜、苦味、煙味、焦味可能較多）研磨出的顆粒與較內層（較淺、果實味、酸味、蔗糖甜可能較多）研磨出的顆粒，接觸到熱水，幾乎同時開始釋出風味成分。以單顆咖啡豆來看，越淺的烘焙，則外層顆粒所含的不宜人風味成分較低，若有比例也是偏低；但是烘焙得越深，外層顆粒所含的不宜人風味成分升高，外層的比例也向內延伸，因此煮出不宜人風味成分的機會大增。這時就得靠萃取時間及溫度雙管齊下，才能有效抑制不好的味道。

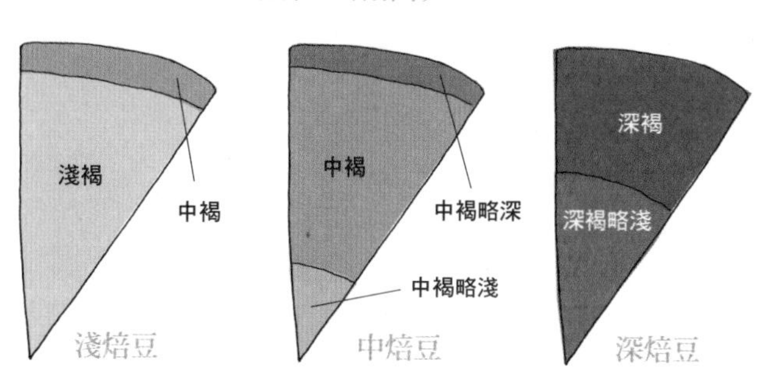

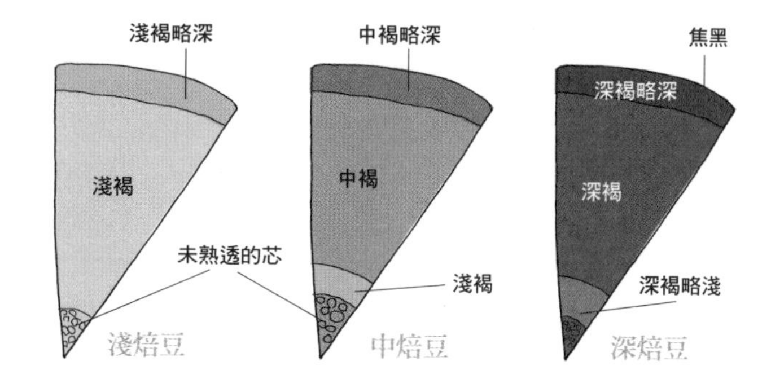

主宰著萃取均勻度的因素，最重要的就是以下幾點，我們將在接下來繼續更深入的探討：

1.萃取時間　2.萃取溫度　3.人為操作　4.硬體調整。

第二節 了解各項變因控制

依序將沖煮變數固定

對於剛入門學煮咖啡的你，一開始一定是手忙腳亂、毫無章法地攪和一通，對於「變數」的掌握可以說是零。而已經接觸煮咖啡一陣子的你，煮出來的咖啡有幾次也許不錯，但總是無法穩定地重現上次煮出的好味道。

「為什麼用的咖啡豆一樣，上一次煮出來的沒這麼苦，這次煮出來又苦又澀？到底出了什麼問題？」

相信你一定有這樣的困擾。要怎麼解決呢？在此筆者要帶各位認識最容易理解的方法，那就是將變數一一固定，一次只調整一項變數，找到那個變數中最佳的表現點，之後再一個個調整其他的變數。以下幾種變數是我們可以實驗的方向：

1.固定萃取時間

當你眼前是一片兵荒馬亂，首先就得靠「固定萃取時間」來穩住陣腳。該使用多長的時間？你可在第四章至第七章各節內容看到筆者的建議。

萃取時間的概念，對於初學者非常重要，將時間固定下來有幾個好處，一來可以控制風味成分釋出的時間，我們就可以輕易地確認問題出在「水溫」或是「人為環節」，方便診斷再對症下藥；另一方面，有了固定的時間當依據，只要你沖煮成功過一次，再將其他環節條件都記錄下來之後，便可以很容易重現成功的沖煮。在毫無頭緒的情況下，能先找到一個變數固定下來，就是一種幸福。

固定萃取時間並不是放諸四海皆準的一種規則，而是幫助初學者能夠省去一堆麻煩的便宜行事之道。往後在你能夠非常精確控制好其他變數時，「時間」也是可以拿來把玩的，在第四章之後的各種煮法攻略，就會帶你認識「玩時間」的條件及意義。

2.減低人為失誤

人為失誤就是動作不確實造成的，將動作（攪拌、注水或填壓）反覆訓練到最紮實的狀態，就能減低人為失誤造成的沖煮差異。如何訓練自己，請參閱各煮法攻略的內容，照著步驟練習，再多到外面參加聚會，觀摩其他人的煮法，截長補短，除了技術面可以多方參考比較之外，還能讓你經由現場沖煮，更添大將之風。

3.找出最佳研磨刻度

動作練穩定之後，可以與多試幾種不同的研磨刻度（當然，其他的變因都必須固定住），找出最適當的刻度。調整刻度的目的，是為了能夠在相同萃取條件下，煮出更平衡的咖啡風味濃度（有最高比例的好味道、醇厚感、香氣，少一點苦味、雜澀感）。各式器具的研磨粗細建議，請參考各煮法攻略的內容。

4.找出最恰當的沖煮水溫

剛開始在診斷沖煮問題時，先把前面三項一一掃描過，之後才檢視水溫是否恰當。萃取水溫必須視咖啡豆烘焙深度而決定，不是單一個水溫就能適用所有的咖啡豆及沖煮器具。各式沖煮器具適用的水溫範圍建議，請見各沖煮攻略的內容。

5.檢視是否該替換咖啡豆

前面四項都一一調校過後，原則上是可以讓你原來咖啡豆的表現達到至少80%，但是如果煮出來的味道並不合你意，你該思考是否該換一種咖啡豆再試試。這裡並不是要你碰壁了就轉彎，而是考量到每個人都有可能對某些產區的咖啡豆風味特性無法接受，如果在不熟悉某個產區的情況下購買了，經過前述步驟嘗試到最接近它完整的表現，還是無法接受，那就是替你自己增加了一次實戰經驗值，多認識了某一支咖啡豆，千萬不要覺得前幾次煮不出理想的味道就放棄，至少看在錢的份上，把它多試幾次，真的不行才換成其他的咖啡豆。請參閱附錄A「主要精品咖啡豆產國、風味特徵及分級制度一覽」的內容，初步認識各種咖啡豆的風味特性。

6.檢視目前沖煮設備是否需要升級

在前面的變數調整及咖啡豆變換之後，如果還無法滿足你的進階需求，那麼就該思考升級沖煮設備這個方向了。你可能需要升級的有沖煮器具本身（尤其是義式咖啡機）、磨豆機、濾水設備，而升級的方向你可以參考本章第四節「磨豆機的重要性」及第六章「Espresso發展現況」，以你有能力負擔得起的機種優先考慮；假如預算有限，必須三者先擇其一升級時，升級優先順序是：磨豆機 > 濾水設備 > 沖煮器具。

萃取時間太長？太短？

萃取時間的起點，要由第一顆咖啡粉接觸到水開始算起。當我們在沖煮咖啡的時候，絕對不是只有拿少少的幾克咖啡粉下去煮，最少也用了13～18克的量，根據Dan Ephraim（Modern Process Equipment Corporation的負責人，該公司是專業製造各式工業用磨豆機製造商） 的一篇專業研究報告指出，每顆咖啡豆經研磨後至少會有100～300個顆粒的數量（接近台製900N磨豆機8.0號加上1/4圈粗研磨刻度），而每公克至少會有3顆咖啡豆，經過計算後，拿來沖煮的咖啡顆粒總量至少會有 100×3×13＝3900（粒），磨得越細顆粒數目就越多。咖啡顆粒接觸到水的時間不一定相同，因此開始釋放風味成分的時間也會有些微差異。

不同研磨度下的單顆咖啡豆粉粒數量

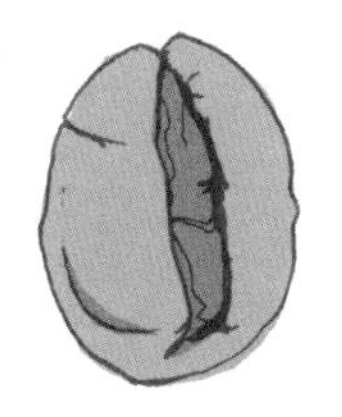

法國壓刻度

研磨成約100～300單位粉粒數

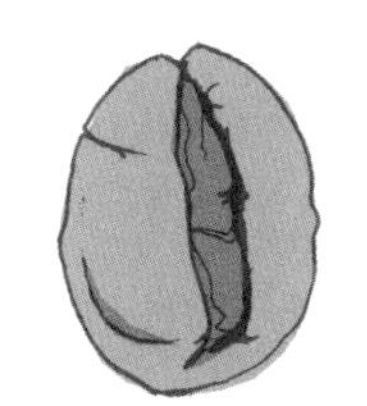

虹吸、手沖、濾泡式

研磨成約500～800單位粉粒數

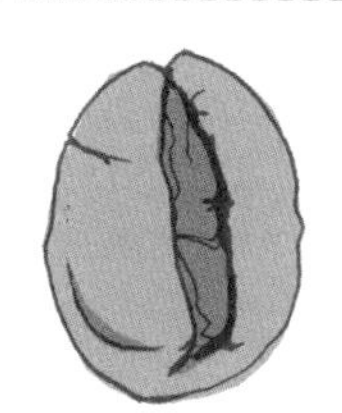

法蘭絨濾布手沖

研磨成約1000～3000單位粉粒數

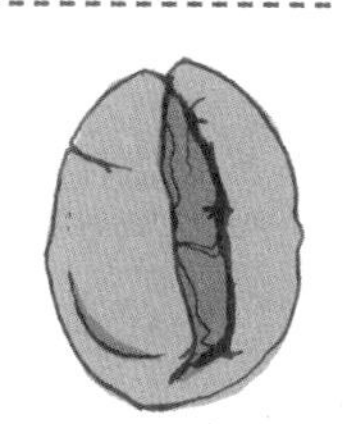

Espresso

研磨成約3500單位粉粒數

該怎麼讓所有的顆粒都能盡量在同一時間釋放內部成分？要做到真正的「同時」基本上是有困難的，因此我們僅能以「縮短萃取時間起始點差異」當作目標，這個問題牽扯到很多個層面，我們將在第四章進階操作處再分別就這個問題詳加解說。初步來講，在虹吸式的部分就跟「攪拌方式」有直接關係，而在Espresso中則與「預浸」及「填粉、壓粉均勻度」有直接關係，在此就不做贅述。

撇開開始萃取時間點的問題，要如何判別總體萃取時間是否恰當？你必須加入一些味覺評斷的方法，才能知道會不會煮得不夠或太久。你可以暫時以下面的描述當作標準：

	萃取時間
A 易揮發物質（香氣）	短 A 散去較少，保留較完整。 B 溶出率低，味淡稀薄。 C 來不及溶出。
B 可溶及不可溶性成分 （酸、甜味及醇厚感）	中 A 散去稍多，香氣保留一半左右。 B 溶出率中等，味豐富，稍稠。 C 溶出率低。
C 焦、苦、生、澀味	長 A 散去大部分，僅剩一成或更低。 B 溶出率高，稠度高。 C 溶出率高，令人不適的味道覆蓋了好味道。

1. **萃取時間太長**：苦味、澀味、雜味會漸強，香氣轉弱（在高溫狀態易揮發），醇厚感增強（溶出物質多）。
2. **萃取時間太短**：各種好味道強度都很弱，微弱的果酸與香氣會突顯出來，醇厚感稀薄似水（因溶出物質太少）。
3. **萃取時間剛好**：果酸味、甜味、層次感、醇厚感、香氣都會以適當且不突兀的方式呈現，苦味、雜味、澀味低甚至無法察覺。

在本章提到的一些品嚐用術語，你可以在第五章「品嚐」中找到更多相關的詞彙定義及成因。

控制萃取溫度

與萃取溫度有最直接關聯性的，就是同一單位時間裡，各種風味成分溶出的多寡與效率。

不同的咖啡豆品種、產區、種植環境、咖啡果實成熟度不同，先天上就會有內含成分上的比例差異。若再加上烘焙深度的不同，那就使得問題變得非常複雜。不過再複雜的問題，聰明的人類總是有辦法解決，訣竅就在「縮小範圍，各個擊破」這八個字。

首先，我們既然知道不同咖啡豆種、產區、種植環境會有先天上的差異，那麼我們就先將實驗的對象限定在單一來源的某支咖啡豆就好（比方說只使用來自太平洋、夏威夷、大島可娜產區Heavenly Hawaiian莊園出產的Extra Fancy等級咖啡豆）。

接著，因為烘焙深度會造成咖啡豆內的風味成分比例變化，那我們就將這支咖啡豆分成三組烘焙深度分別實驗，淺焙一組、中焙一組、深焙一組。實驗的沖煮器材，則使用水溫較容易控制在一定範圍的虹吸壺，再加上一組K-Type數位溫度計。

在不同的溫度層下，七大類別的風味成分被溶出的比例、強度各有不同。此時我們將這三個組別，除了水溫以外的其他沖煮變因固定下來（如沖煮器具、研磨刻度等），找出三種烘焙度在不同萃取溫度層下的最佳表現點，以煮出「苦味極低、不會澀」的咖啡為最初目標，再來才是研究如何將其他美好的味道提升。

某些浪漫小說劇情裡總是以「苦、澀」做為咖啡的代名詞，把咖啡聯想到悽絕、無可挽回的愛情情節，真是該為咖啡抱屈。如果你是一位浪漫小說作家，希望從看完這本書開始，你能夠把咖啡轉換成「香、甜、圓滿、陽光、舒服」的代名詞，因為喝到一杯好咖啡，心情應該是愉悅奔放的，而不是五味雜陳的陰鬱難伸，請正名。

加入味覺評斷
先研究如何避開滿嘴的苦味

筆者在前面稍微提到七大類別的風味成分，用意就是讓我們的變數控制實驗，都能加入關於味覺評斷，大前提就是要「避苦」。

苦味是咖啡四大主要味覺中的其中一項，雖然苦味有好有壞，但是在這裡講到的是要避免一直貼附在舌面上久久不散的那種「死苦」。死苦是什麼樣的味道呢？打個比方：許多人小時候身體不好，可能有被媽媽逼著喝下一碗又一碗熬了好幾小時的中藥湯的經驗，喝完之後滿嘴都還是那樣的味道，持續好久，都是一句「良藥苦口」害的！但咖啡不是藥，好咖啡更不應該會苦口！

「苦」究竟從何而來？咖啡豆本身含有令人感到「苦」的成分可以說是微乎其微，而表現在沖煮完的咖啡液中的苦，主要是以下兩種原因造成：

1.烘焙造成明顯的苦

咖啡豆的烘焙時間拉得越久、進入越深色的階段，表示碳化的程度越高，碳化是死苦味的直接來源。如果不想要帶苦味，第一個選項就是購買烘焙度不那麼深的咖啡豆。如果你會烘焙咖啡豆，那麼先試著不要把豆子烘得太黑。

2.沖煮溫度過高造成的苦

要是你又覺得略淺烘焙的咖啡裡帶的酸味不是你要的，一定得買深烘焙的咖啡豆時，這時就必須特別留意「萃取溫度」，過高的溫度，會將原本較不易溶出的苦味、雜味成分帶出來，使得咖啡液呈現非常令人不適的感覺。有兩種解決方式，最簡單的方式是降低萃取溫度，另外一種方式則是縮短萃取時間，讓苦味成分減少釋出；兩種方式都會犧牲掉若干美好風味釋出的機會，但看沖煮者希望怎麼去詮釋這樣的一杯深焙咖啡，此時「取捨」就是很必要的一件事。

加入味覺評斷 再研究怎麼煮出最多的好味道

常見到一些咖啡書上寫著「最適合煮咖啡的溫度是90℃～93℃」這樣的說法，其實不盡然是如此，針對中、淺焙咖啡豆來說，缺陷風味（包括苦味）的比例低，那麼使用這個溫度層來沖煮，理論上是可以溶解出接近最大值的美好風味。

再分析深焙豆的特性，總烘焙時間越長的深焙咖啡豆，其美味成分的種類變得越來越單純，其中最顯著的大概就算是甜味的感覺了，有的深焙豆尚能保留住些微的果實酸味及稍微暗沉的香氣，那是很難得的奇妙感覺，但是卻很不容易在沖煮時處理，尤其是使用前述的高水溫來萃取，苦味會被特別突顯出來，將這些細緻的好味道都蓋住了，讓人難以察覺。在固定的沖煮時間前提下，我們勢必要把沖煮的水溫向下修正一些（89℃開始嘗試），以避免高溫沖煮時溶出過多的苦味，同時不要降太多溫度，以免犧牲了美味因子溶出的機會。

「令人愉悅的風味成分」會在不同的水溫層中釋出，但若只將低水溫層的風味成分釋出，那這杯咖啡的表現就會顯得很單調乏味，某些味道或許還會過於搶眼，使得咖啡的均衡感大打折扣。因此雖然強調「避苦」的目標，但我們也不可矯枉過正，能使用盡量高一些的水溫較妥當，「低水溫」是出到沒有招式了才不得已使出的第三十六計。

人為操作及硬體變因

這兩個部分的內容，將在各沖煮法攻略中一一為各位解破其影響力，在此處不另做贅述。

第三節 了解不同烘焙深度的味道差異

咖啡豆烘焙深度與豆體結構、風味特性對應

生豆階段 Green

- **烘焙點：**尚未開始。
- **豆體結構：**堅硬，磨豆機難以磨碎。內部組織連接緊密，萃取不易。
- **風味特性：**雖然咖啡在生豆階段內含物質有數百種，但由於最討喜的香味物質未經過200℃以上的熱反應催化，若將生豆拿來萃取咖啡液，得到的可能會是如未加糖的綠豆湯一樣無趣的味道。

肉桂色烘焙階段 Cinnamon Roast

- **烘焙點：**第一爆（First Crack）開始後約30～40秒之間停止烘焙。
- **豆體結構：**硬，但磨豆機可以研磨得動。內部組織連接仍緊密，但由於部分氣孔已受熱解作用而撐開，開始可以萃取內部成分。
- **風味特性：**這個烘焙階段的咖啡豆，會在杯測法中使用，原因是生豆內含的某些化合物已經由熱解作用反應，產生初步的香味與嚐味雛型，但又未經過度的烘焙手法修飾，在杯測時就能夠輕易分出不同咖啡豆的本質良莠，本質差的自然就會在杯中出現怪味或表現平凡，本質好的則不會有明顯的怪味，且在這麼淺的烘焙下還可以展現其特出之處。

淺焙階段
New England→Light／American→City／Medium Roast

- **烘焙點：**第一爆完全結束開始，到第二爆（Second Crack）階段開始之前停止烘焙。
- **豆體結構：**硬，以手指稍用力可以剝開的程度，磨豆機可以磨得動。內部組織的氣孔撐開數目漸多，成分萃出率開始提升。
- **風味特性：**淺焙咖啡豆是用做商業用途沖煮的第一個階段，這個階段下有較高比例的酸味因子（甲酸、醋酸等），因此酸味的明亮度最高；此時較易揮發的香氣成分保留住較多，因此可以嗅聞到較撲鼻的花、果類上揚香氣；由於組織此時較緊密，最後釋放到水中的物質總量較少，因此醇厚感偏稀薄。

本質佳的豆子，在淺焙階段就能夠表現均衡、令人舒適的風味，不會有奇怪、突兀的不好味道；但本質若不夠好，在淺焙階段浮現出的酸味與其他味道搭配起來，就會令人難以下嚥。換句話說，淺焙豆考驗的是咖啡豆的本質好壞！

中焙階段 Full City Roast

- **烘焙點：**即將第二爆，到第二爆開始後10秒左右停止烘焙。
- **豆體結構：**開始變脆，不需特別用力就可以捏開豆體。內部組織的氣孔完全撐開，物質萃出率高。
- **風味特性：**易揮發的香氣受到更高的溫度破壞，只留下不到一半強度的上揚香氣，同時由於糖分開始轉焦糖化，開始出現些微較低沉的焦糖類香氣；酸味因子隨著烘焙時間及溫度的增加而逐漸減少，但留存的量仍會產生微弱的酸味，此時甜味的比例是最高的，醇厚感在此時發展到最高峰，是滋味發展最多元的一個階段。北義式Espresso沖煮傾向使用這個烘焙階段或稍微再深一些的咖啡豆，其他單品沖煮法也常選用這個階段的咖啡豆，本質好的咖啡豆在本階段會展現出最多元的風味，本質差者則風味開始越來越單調，變成以甜味為主體，且容易出現苦味，但喝不出其他特色。

深焙階段 Full City+／Light French／Espresso→French／Vienna Roast

- **烘焙點：**第二爆開始後10～60秒之間停止烘焙。
- **豆體結構：**脆度更高，以手指輕輕捏就碎裂。物質萃出率高。
- **風味特性：**此階段幾乎沒有上揚的香氣出現，剩下的都是糖類焦化後產生的低沉香氣；氣若游絲般難以察覺的酸，以及苦味轉甘甜的主體風味，醇厚感飽和但較中焙時弱些；義大利中部的Espresso烘焙及美西的重烘焙大多落在這個階段。一旦進入了深焙階段，考驗的是烘豆者更敏銳的停火時機，因為一不小心，苦味就會強過其他風味，變成失敗的作品。以這階段的烘焙度沖煮單品咖啡，則更需小心翼翼，因為此時苦味因子已佔了很高的比例，若不想萃出太多苦味，就必須小心控制萃取率。在這個階段還耐得住烘的只有少數幾種滋味特殊的咖啡豆，像是日曬摩卡類＊、曼特寧系列＊及一些頂級的肯亞莊園豆。

* 日曬摩卡類的豆子，主要指的是來自葉門及衣索比亞兩國的乾燥/日曬式處理咖啡豆，在深焙階段會有非常迷人的紅酒、黑巧克力味，葉門摩卡是普遍認為較高等級的摩卡豆，其中又以來自Bany Matar的馬塔莉摩卡（Mattari Mocha）及更稀有的、來自Hirazi小顆粒種伊詩邁麗（Ismaili Mocha）兩者最具優雅的風味，但售價也往往偏高。
* 曼特寧（Mandheling）指的其實是印尼蘇門答臘島上一個名為Mandailing的部落名，這個部落的人民是主要的咖啡種植者，因此生產的咖啡大多以曼特寧為名。與曼特寧風味相似的還有同島上的林東咖啡（Lingtong）、蘇拉維西島上的托拿加咖啡（Toraja／Kalossie）等，在此將這三種統稱為曼特寧系列咖啡豆。

極深焙階段 Dark French／Italian→ Spanish Roast

- **烘焙點**：第二爆開始後第1分鐘，至第二爆聲響完全結束時停止烘焙。
- **豆體結構**：同深焙階段。
- **風味特性**：最常見於義大利南部Espresso烘焙及美西重火烘派，挑戰的是咖啡豆的極限，成功的極深焙在白色光源下呈現的是暗紅色調的深褐色，而不是一般印象中的黑色，如果你買到的是純粹黑色的極深焙咖啡豆，那麼恭喜你，那意味著你買到的東西與木炭沒兩樣！在沖煮成功的單品極深焙咖啡中，可以聞到類似烏沉香、煙燻烏梅類的低沉香味，但是不論是哪裡出產的咖啡豆，烘到這麼深的程度，以單品沖煮法煮出來的差異性就不大了；極深焙咖啡適合用低水溫的手沖法、法式濾壓壺以及低溫沖煮的Espresso，避免萃出過於明顯的苦味與辛辣感，而使用這種咖啡豆沖煮成功的Espresso，極度近似於高純度苦甜巧克力融化後的味道，又有點類似低甜度黑糖糖漿，具有成熟迷人的韻味，但沖煮成功的難度非常高。

全炭化階段 Charcoal

- **烘焙點**：過了極深焙之後，若再繼續烘焙，就變成純粹的炭。
- **豆體結構**：同極深焙及深焙。
- **風味特性**：外觀是純粹的黑色，不會有任何討喜的風味出現，只有苦！

茲將上列各階段整理成下方表格，供讀者們參考、對照：
顏色僅供參考，實際顏色依不同豆種而有些微差異。

烘焙深度名稱	咖啡豆外觀	烘焙時期	色澤／豆表狀態描述
Cinnamon 肉桂色烘焙		第一爆 剛開始30～40秒	肉桂色／豆表乾燥
Light 淺度烘焙起點		第一爆即將停止	淺褐色／豆表乾燥
City 城市烘焙／淺度烘焙		第一爆結束後 30秒內	淺褐色略深／表面乾燥
City+／Medium 城市烘焙／ 淺度烘焙終點		第一爆結束後30秒 至進入第二爆之前	褐色／表面乾燥， 過幾日會點狀出油
Full City 深城市烘焙		即將進入第二爆 到第二爆開始10秒	褐色略深／表面有微微出油造成的反光，但不是明顯出油，過幾日就會明顯出油
Full City 深城市烘焙略深 深度烘焙起點		第二爆開始 10～40秒中間 （劇烈期起點）	深褐色／表面一層薄油
Vienna／Light French 維也納式烘焙／ 淺法式烘焙		第二爆開始 40～60秒	深褐色／表面明顯出油
French 法式烘焙／深度烘焙		第二爆開始60~80秒（劇烈期主體）	更深的深褐色／ 表面大量出油
Dark French 深法式烘焙／ 極深度烘焙		第二爆完全結束	接近黑色的深褐色／ 表面油已被燒乾一些， 但仍有明顯油光
Charcoal 完全碳化		再繼續烘	黑色／表面無油

不同烘焙深度的各項特性曲線對應

A. 烘焙越深，或總烘焙時間越久，組織結構越鬆，內部成分釋出效率越高。以手指試著剝開咖啡豆，會發現組織結構緊密的咖啡豆非常堅硬、難剝，結構鬆的咖啡豆則很脆、易碎。

B. 烘焙越深，或總烘焙時間越久，揮發掉的風味成分越多，味道越單調。

C. 烘焙越深，越不適合以高水溫、長時間萃取，會萃出過多的苦味、焦味。

D. 咖啡豆甜度的比例是呈現曲線走勢，從淺焙走到Full City，甜度是逐漸增強的；但過了Full City之後，甜度又會逐漸減弱。

E. 咖啡豆酸味及香氣會隨烘焙深度及總時間而逐漸減弱，苦味則逐漸增加。

F. 離烘焙時間越近，咖啡豆的排氣作用越旺盛；但時間越久，咖啡豆芳香物質揮發殆盡，加上受氧化作用侵襲，則會讓煮出的咖啡走味。

淺焙豆

中焙豆

茲將上方A～E項特徵整理在下方的烘焙深度對應圖中，將使你更容易理解咖啡豆在各個烘焙階段的各項特性組合：

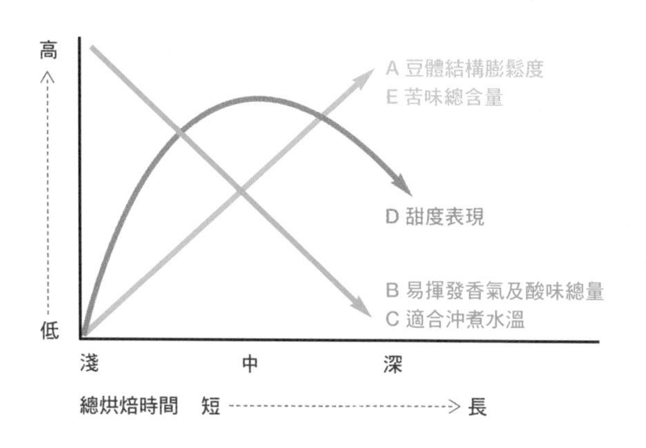

深焙豆

▲ 氣孔結構緊密的咖啡豆不易捏碎，氣孔結構蓬鬆的咖啡豆質地較脆、易碎。

與各沖煮法的對應關係

我們再分析一下各種沖煮器具的特性及原理：

1.法國壓

94℃～96℃的高水溫，純浸泡式，水溫隨時間不斷往下降，水的溶解能力也不斷下降。浸泡時間3～5分鐘。

2.美式咖啡機

大部分的機種是讓冷水通過熱阻板加熱，再經由上方灑水裝置滴到過濾裝置中，與裡面的咖啡粉接觸，水份飽和時開始滴漏至下方盛接壺。灑水器灑下的水溫度高低不一，從75℃～85℃都有，但相對來說是偏低的萃取水溫，萃取效率較低。實際萃取時間1～2分鐘，不宜一次煮太多份量，建議以2分鐘3杯份的原則操作。

3.手沖式

與美式咖啡機相似，都是讓濾杯中的咖啡粉吸水飽和期之後，再滴漏到下方盛接壺；唯一不同之處就是熱水是預先加熱，裝入手沖壺後以少許可生飲的冷水調整水溫，到了預定的溫度，才開始進行注水。壺中的水溫亦會隨時間不斷下降，此外，注水的動作是在開放式空間進行，若注水距離拉得越高，水溫就會降低越多，是一項較難掌握的變數，尤其冬天、夏天時操作，會有更明顯的差異。

4.虹吸式

下方有熱源將少量的水轉換成水蒸汽，間接而緩慢地加熱上座的熱水，使之維持在固定90℃～93℃（可依火力大小調整）的相對高水溫，類似燉煮式的原理，萃取效率很高，所以時間拖得越長，苦味及雜澀感就會溶出越多。較恰當的萃取時間為1～1.5分鐘之間，但也可能因咖啡豆烘焙深度及萃取目標的關係，略為增減時間長度。

5.摩卡壺

原理與虹吸式幾乎一樣，只差在咖啡粉是預先放進中間的濾器，讓蒸汽壓將熱水向上推擠經過咖啡粉，再流至上方容器裡。在這一系列沖煮法裡，萃取水溫雖然稱不上最高的，大約在88℃～90℃之間，但因為整體萃取時間拖長到3～4分鐘左右，大多人又習慣拿深焙豆來煮摩卡壺，因此較容易煮出焦、苦味。

6.Espresso

增壓式熱水，以分散水柱的形式通過細研磨再填壓的咖啡餅，熱水的溫度因機器結構不同，而有誤差大小之分，陽春機種的水溫範圍誤差較大（80℃～98℃），進階及高階機種由於造價更高，對於水溫的控制也更精準，範圍誤差較小（92℃～98℃），如果要讓誤差範圍再縮得更小（比如說誤差範圍要小於1℃），價格就會更高。壓力輸出模式也影響到萃取的風味表現，詳見下一節「沖煮設備的水準要求」。萃取時間會依咖啡豆烘焙深度及配方風味走向而略有差異，一般會建議以14～17克的粉、25～30秒流完30cc當做一個基本參考流速，但是對不同的配方而言，這個流速基準下，可能會出現均衡度不佳的Espresso，這時就得將流速目標微幅更動一些，以「求得最佳風味均衡度」為準則。

7.冰滴式

緩慢滴下的冰水，滲入粉槽裡的咖啡粉層，緩慢地吸飽水分之後，才開始滴漏到下方的盛接容器裡。萃取溫度約在10℃～15℃左右，萃取效率低，幾乎溶不出焦苦味的因子，但長時間的萃取，會溶出較多的咖啡因。

咖啡豆特性中的「氣孔張開程度」，恰好可以對應「內部成分萃出率」。套用到這些沖煮方式上，咖啡豆的氣孔張開越大，咖啡粉就越不需要長時間浸泡在水裡，因此較適合用在「滴漏式」這類的沖泡法，美式咖啡機及手沖法皆屬此類。

但是要使用高溫且長時間浸泡的沖泡方式（如摩卡壺、虹吸式），咖啡豆氣孔就不適合太開，以免內部成分釋出速度太快，加速讓令人不適的風味溶解出來。

另外，「氣孔張開程度」這個特性，對應到的咖啡豆結構及風味特質，也直接影響到各種沖煮法的杯中表現潛力，例如使用虹吸

壺高溫燉煮，除了可以使用氣孔較緊閉的咖啡豆以外，當然也能使用氣孔張較開的咖啡豆沖煮，只不過使用後者沖煮的最佳表現方向偏向較單純的風味，且容易煮出不好的味道，技術上的掌握難度較高些；使用虹吸壺煮氣孔較緊閉的咖啡豆，除了咖啡豆本身保留住的風味層次比較豐富，萃出的劣質味（令人不悅的風味）總量較低，可以說是相得益彰。亦可參考下方圖解說明：

虹吸式燉煮法 VS. 不同烘焙深度的咖啡豆

	使用氣孔較緊密的中、淺焙豆	氣孔較膨鬆的深焙豆
芳香物質種類	多	少
良質風味含量	高	低
劣質風味含量	低	高
內部成分溶出速率	低→中等	高
可耐受溫度	高	低
沖煮難度	低	高

反觀手沖式的沖煮特性裡，每一單位的熱水與咖啡粉的平均接觸時間短，因此必須在這短時間裡盡量溶解出多一點的風味成分，假使咖啡豆的氣孔緊閉，那麼勢必無法達到這個要求，所以受限於這種條件，手沖式煮法必須要選用「氣孔張較開」的咖啡豆，這個特性的咖啡豆遇到熱水就容易散出內部二氧化碳氣體，形成膨脹的粉層，有助於延長咖啡粉與熱水接觸時間，可略為增加萃取效率；以咖啡豆本身剩餘的風味層次來看，手沖式煮法沖煮出的咖啡風味較單純、少層次。使用氣孔較緊閉的咖啡豆來做手沖煮法亦無不可，只是在研磨刻度及水溫、手法都必須重新調整，但是要注意一點，手沖法的水溫隨時都在下降，所以萃取效率也會一直下降，如果與虹吸式煮法相比，同樣是煮氣孔緊閉型的咖啡豆，手沖的表現就會稍遜一籌。

第四節 磨豆機的重要性

磨豆機均勻度對沖煮品質的影響

▲小飛馬600N磨豆機。

▲900N磨豆機。

▲SJ磨豆機。

▲郵筒形手搖磨豆機。

▲M3磨豆機。

▲Rocky磨豆機。

磨豆機是將咖啡豆分割成細小顆粒的主要工具，由於咖啡豆的不規則形狀以及易碎裂、芳香物質會受熱揮發等特性，但卻又同時有顆粒均勻度的需求，因此磨豆機的製造便成了一門學問，甚至列屬於高度精密的科技之一。

要煮一杯好咖啡，磨豆機的重要性遠遠勝過沖煮器具本身，為什麼呢？我們必須先有一個因果觀念：

生豆品質<
- 良—烘焙詮釋<
  - 良—研磨均勻度<
    - 均勻—沖煮詮釋<
      - 良—味道舒適
      - 差—令人不適
    - 不均勻—煮不出層次分明的風味
  - 差—絕對無法煮出好咖啡
- 差—絕對無法煮出好咖啡

如果你不是自己烘咖啡豆的人，那麼「生豆」與「烘焙」是我們無法掌控的，只能針對「研磨」下手。在研磨均勻度高與低的情況下進行沖煮，我們可以觀察到以下特點：

沖煮成果比較圖（均勻度高的顆粒 VS. 均勻度低的顆粒）

假設目標的顆粒大小單位是2mm，萃取時間固定的條件下。

	均勻度高的顆粒	均勻度低的顆粒
顆粒含量與風味釋出示意	例：70%適中顆粒→適當風味強度 20%不適中顆粒（大）→薄弱 10%不適中顆粒（小）→萃取過度	例：50%適中顆粒→適當風味強度 30%不適中顆粒（大）→薄弱 20%不適中顆粒（小）→萃取過度

過大顆粒→ 出來的味道少，但質量大，總表面積小
適中顆粒→ 出來的味道中等，質量中等，總表面積中等
過小顆粒→ 出來的味道多，質量小，總表面積大

沒有一台磨豆機可以磨出100%一樣大小的咖啡粉，我們唯一能做到的，就是找到一台不均勻比例越小的磨豆機越好，但煮Espresso需要非常細的研磨度，而研磨均勻度對Espresso成果的表現，影響之大難以形容，在國外甚至有人認為「義式咖啡機是配角，磨豆機才是主角」。中階價位以上的磨豆機均勻度的差異很難靠肉眼判斷出來，只有靠「品嚐」及「科學方法測量」才能分出高下。品嚐的部分前面已經提到很多次，我不再多

【均勻度較佳】

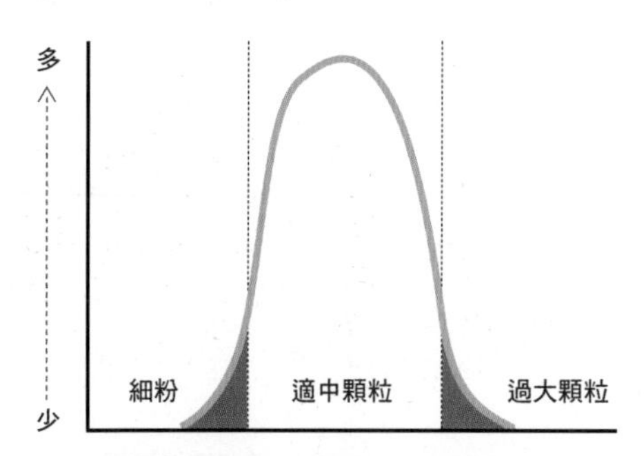

陰影區塊面積愈小，表示不適中顆粒較少。

【均勻度較差】

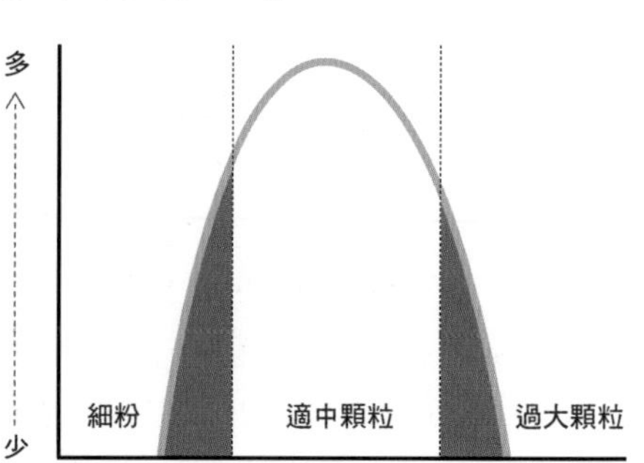

說，而所謂「科學方法測量」，最簡單的一種就是使用篩網式測量法，使用的篩網孔目非常小，單位以「微米」（Micron，1微米 = 1/10000公分）計，而測量Espresso用的篩網大小，其範圍介於350～500微米之間，是非常細微的區間，一般人較難找到這種配備，因此我們還是傾向以品嚐的方式來判別磨豆機的均勻與否。Espresso專用的磨豆機有非常多種類可以選擇，理所當然越精密的機種價格就越高，若以價格／品質比來看，普遍都認為Mazzer Super Jolly是非常不錯的選擇，當然還有許多比它好的磨豆機，但是品質提升的幅度，遠遠趕不上價格提升的幅度，消費者有沒有必要買到這麼高等級的磨豆機，就見仁見智了。

剛開始動手煮咖啡時，你不見得了解磨豆機造成的差異有這麼大，所以也許都要經歷過一陣子使用低階磨豆機的過程，喝一陣子混濁味雜的咖啡，之後哪一天碰巧喝到很清澈的咖啡，你才會認真去思考是否該投資一台好的磨豆機，筆者可以告訴你，這個投資絕對划得來，如果你認定未來都要自己動手煮咖啡，相信我，存一筆錢，買台好一點的磨豆機，可以解決你一大半的沖煮問題。

市面磨豆機比一比

磨豆機的種類也是五花八門，在你掏出腰包選購之前，筆者先帶你初步了解下列四類可作家用的機種：

1.螺旋槳式砍豆機

許多剛入門的人（包括筆者本身）都曾經因為預算問題，認為這一類的砍豆機是初學最適合的機種，但是在買了之後，很快便後悔當初為何不先買專用的磨豆機就好，因為砍豆機砍出來的顆粒粗細實在差異太大，砍碎時間長，易因過熱而使部分的香氣提前揮發。一般價位由台幣600～1500元不等。強烈「不推薦」使用！

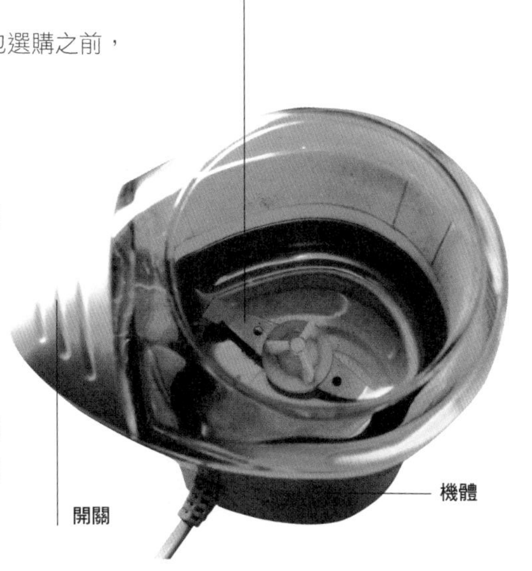

【郵筒形手搖磨豆機】

【ASCASO I2磨豆機】

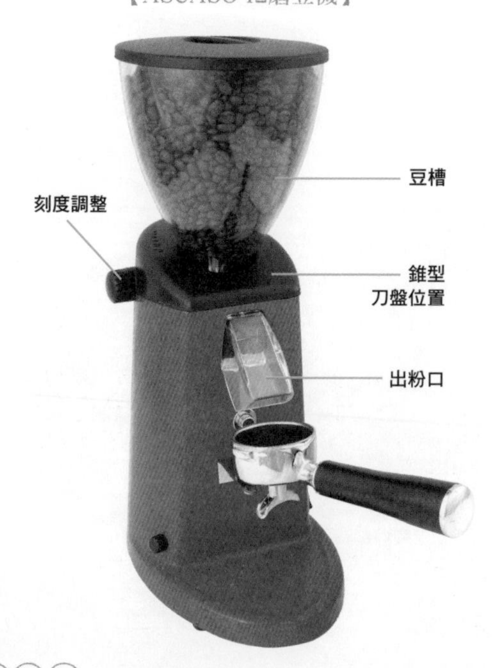

2.錐形刀磨豆機

- **市售機種及價位：**有分為「家用簡易型」與「專業型」。錐形刀的結構優點是利於將咖啡豆持續往下捲，通常不需配備高轉速的馬達，且較不易生熱，切割出的顆粒形狀利於萃取，不過缺點就是研磨速度比平行刀葉慢，磨刀耐用度較低，且僅有專業型的機種才能應付非常細的研磨刻度要求。家用簡易型的錐形刀磨豆機如常見的Solis磨豆機，因為刀葉設計及固定方式的問題，在研磨均勻度以及精準度上的表現較差，價位在台幣3,000～5,000元左右；家用的手搖式磨豆機也是屬於錐形刀設計，價位從450～5,000元都有，其中德製的Zassenhaus的All Grain Mill整體設計具有非常好的研磨效果，直逼專業機種的水準，唯價格昂貴，且手搖的方式較費時費力；專業型的錐形刀磨豆機則貴了許多，像是Mazzer Kony、Mazzer Robur等機種，國內目前較少店家常備這類型機種，在國外網購一台這樣的專業型錐形刀磨豆機，價位大約要台幣45,000～80,000元上下。

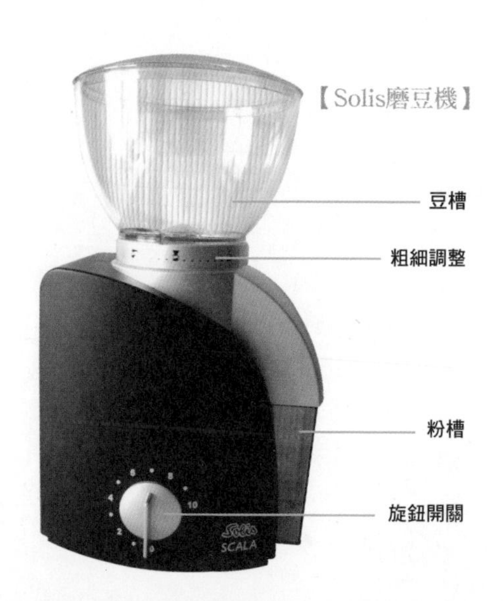

【Solis磨豆機】

● **選購重點**：選購錐形刀磨豆機一定要仔細觀察刀葉的「微調能力」以及「固定方式」，前者影響到是否能適用煮Espresso的微調需求，後者影響到研磨均勻度（研磨中刻度不可跳動）。

【Kony磨豆機】

【Kony錐型刀盤】

3.平行刀葉磨豆機

● **市售機種**：平行刀葉磨豆機是目前最廣泛可見的磨豆機種，，從國產的小飛馬、小飛鷹、900N及901N＊到進口的Rancilio Rocky、Mazzer Mini及Mazzer Super Jolly、Mahlkoenig K30 ES、等等，都列屬平行刀葉磨豆機的範疇。

● **價格比較**：由低至高依序為：小飛鷹、小飛馬（台幣3000～3500元）＜Rancilio Rocky（台幣89,000～9,500元）＜900N、901N（台幣9,500～11,000元）＜Mazzer Mini（台幣16,000～18,000元）＜Mazzer Super Jolly（台幣20,000～22,000元）＜Mahlkoenig K30 ES（台幣約65,000～70,000元）。後五項都具備高扭力馬達，微調的精細度也是一分錢一分貨。

＊ 兩者其實是同機身，前者是台製刀片，後者是換裝義製刀片。
＊ 歐洲進口的機種視匯率變動而有可能調整，實際購買價格以當時行情為準。

【小飛馬600N磨豆機】

【900N-901N磨豆機】

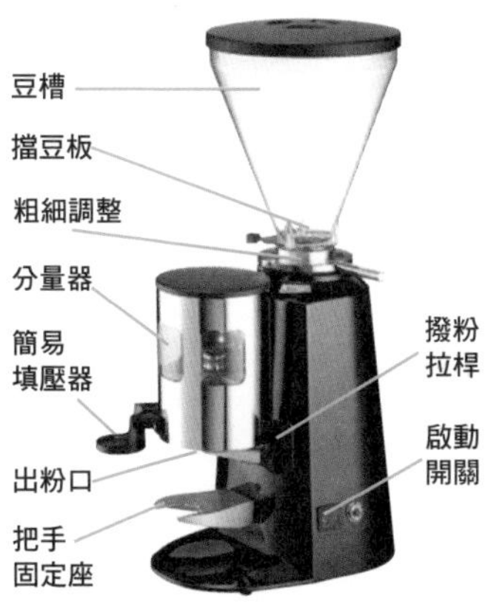

【SuperJolly磨豆機】

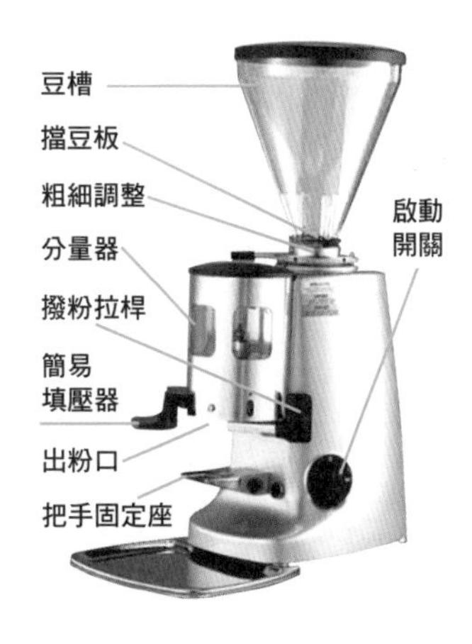

【ROCKY磨豆機】

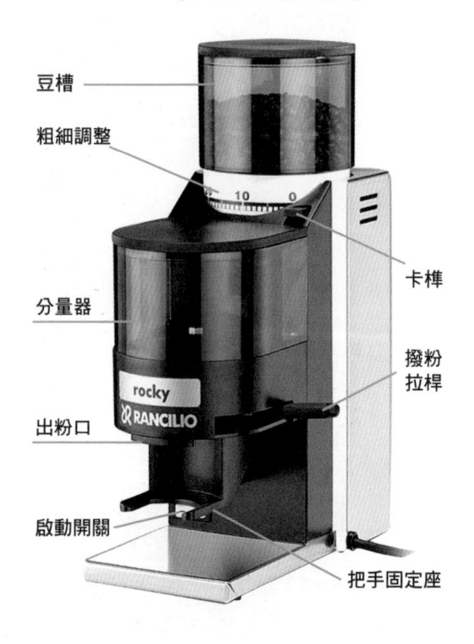

【Mahlkoenig K30ES磨豆機】

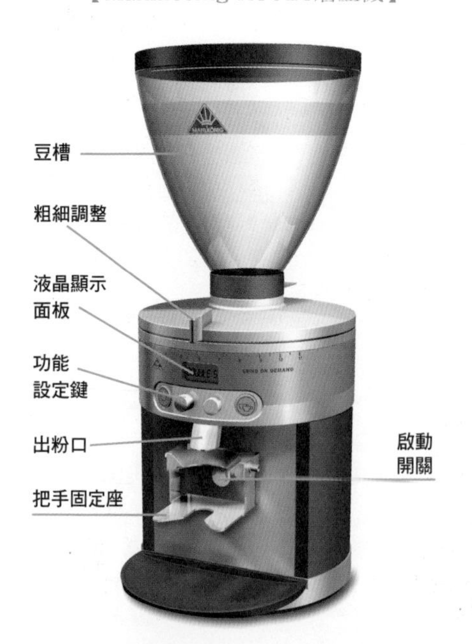

- **選購重點：**

A. 刀片直徑大小（磨盤越大每秒可處理越多咖啡豆）

B. 刀片刻痕車工精細度（車工越精細均勻度越好）

C. 刀片切割溝槽長度（路徑越長均勻度越好）

D. 刀片材質耐用度（損耗頻率低、不易生鏽，磨盤損耗後亦會嚴重影響研磨均勻度）

E. 刀片固定方式（越多固定點則研磨品質越穩定）

F. 馬達扭力（扭力越大磨得越順、不易卡豆）

G. 出粉口口徑及長度（口徑越大、長度越短，越好清理）

H. 粗細微調方式（無段微調是較理想的方式）

I. 殘粉多寡及清理便利度（殘粉多則易用到年代久遠的舊粉）

4.錐形刀及平行刀葉複合式磨豆機

- **市售機種：**目前市面上較知名的僅有美製Versalab M3磨豆機及義大利La Cimbali Max兩款複合式刀葉（Combo）磨豆機，這類的設計在某些工業用大型磨豆機上由來以久，但在家用磨豆機上倒是頭一遭。
- **價格比較：**Versalab M3磨豆機台灣目前無人引近，在美售價為1,250美元（台幣41,000～43,000元），運費外加。La Cimbali Max磨豆機亦須自國外網購，售價約800美元上下（台幣26,000～29,000），運費外加。
- **Versalab M3磨豆機優點：**單次磨豆量僅一杯份，經實際操作測試，這款磨豆機的研磨品質非常優異，前端的錐形刀先將整顆咖啡豆碾碎成較小的碎塊，再進到大型68mm平行刀裡負責正式的研磨，因此平行刀片的負載較輕，壽命可以提高不少，使用這台磨豆機處理Espresso用豆，研磨出的粉粒可以均勻散落進濾器中，堆疊的粉層

【M3磨豆機】

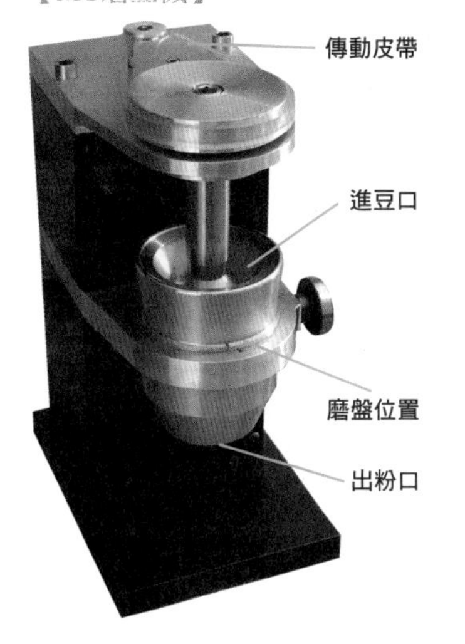

非常完美，加上該機種使用類似LP唱盤的低轉速、皮帶傳動設計，避開了傳統型磨豆機有的「馬達軸心導熱」缺失，保留了較完整的芳香成分。用較粗的刻度研磨中焙肯亞咖啡豆，拿來以虹吸壺沖煮，整體風味中的香氣表現明顯比用Super Jolly磨出的粉提升許多，層次清晰度提高，酸味表現也更乾淨、圓滑，推測這是顆粒均勻度提高所反映出來的效果。

- **Versalab M3磨豆機缺點：**這台磨豆機的缺點幾乎都與研磨品質扯不上關係，都是操作面的缺點。進豆的方式較一般有豆槽的機種麻煩許多，必須一匙一匙舀豆子進來，研磨速度很慢，經實測大約25秒才能

各款磨豆機的規格比較表

	磨盤形式／大小	電壓	馬力	轉速	扭力	粗細調整
螺旋槳式砍豆機	無	110V	×	×	×	×
郵筒型手搖	錐形	×	×	×	弱	手動
Zassenhaus手搖	錐形	×	×	×	弱	手動
Solis Maestro Plus	錐形	110V	160W	無相關資料	弱	固定刻度式
小飛馬	平行刀／50mm	110V	150W	2600rpm	強	固定刻度式
Innova I2	錐形／38mm	120V／230V	140W	1200rpm	中	固定刻度式
Rancilio Rocky	平行刀／50mm	110V／230V	140W	1700rpm	中	固定刻度式
900N／901N	平行刀／64mm	110V／220V	375W	1400rpm	強	無段微調
Mazzer Mini	平行刀／58mm	120V／230V	250W	1400rpm	強	無段微調
Mazzer Super Jolly	平行刀／64mm	230V	375W	1400rpm	強	無段微調
Mazzer Kony	錐形刀／單相63mm 三相67mm	230V	350W	420／500 rpm	強	無段微調
Mazzer Robur	錐形刀／單相71mm 三相83mm	230V	900W	420／500 rpm	強	無段微調
La Cimbali Max	錐形＋平行刀／64mm	220V／110V	300W	1400rpm	強	旋扭式微調
Versalab M3	錐形＋平行刀／68mm	110V／220V	95W	400rpm	弱	無段微調
Mahlkönig K30 ES	平行刀／65mm	230V	500W	1420rpm	強	極細刻度微調

磨完18克的咖啡豆，且最好只負責單一沖煮器具與單一配方，不能應付烘焙度太淺的咖啡豆，質地過於堅硬則容易卡豆，這台磨豆機沒有刻度對應可以參考，更換刻度之後必須將整組磨盤都拆卸下來完全清掉內部積粉，磨盤周圍積粉情形算是蠻嚴重的，因此來來回回之間，會花費相當多時間在找出適當刻度。

在選購磨豆機前，首先要先了解一件事：你將來有沒有可能接觸Espresso這種煮法？

如果答案是肯定的，那麼筆者建議選購重點放在「一次到位」，直接買符合Espresso沖煮條件的磨豆機種，以免花太多冤枉錢在陽春機種上，未來還是要再升級；最好是具備「粗細無段微調」的功能，這對於Espresso沖煮來說，是一項基本要件。

「無段微調」(Stepless)的特色在於，你可以停在刻度盤上的任意一個位置研磨咖啡豆，在精準度要求極高的Espresso煮法中，需要更細微的顆粒粗細調整幅度，無段微調的磨豆機可以輕易達到這個需求。

「固定刻度調整」(Stepped)類型的磨豆機，本身刻度調整範圍要非常小、精細度要更高，才能符合Espresso的粗細調整範圍需求，這樣的機種市面上非常少(如Mahlkönig K30 ES)價格亦難以親近。便宜的固定刻度式磨豆機如小飛馬、Solis系列、Rancilio Rocky皆屬於這類，但因為粗細調整範圍較廣，較難應付Espresso沖煮的細微調整需求。

「研磨顆粒均勻度」及「研磨速度」也是選購時的比較重點。研磨均勻度影響到的是「每一個顆粒受浸泡後，釋出可溶性成分的效率」，研磨的顆粒大小不均勻，則小的顆粒釋放效率快，大的顆粒釋放效率慢，容易煮出雜味滿佈、味道較尖銳的一杯咖啡。詳細的萃取觀念解說，請翻到第三章第一節「了解萃取原理」閱讀，相信會更清楚這個概念。

影響「研磨均勻度」的因素有很多，但是以下幾點是關鍵：

1.刀葉刻痕

刻痕刻痕設計是直接影響研磨品質的第一要素。設計良好的刻痕應是平均、無毛邊缺陷的，磨盤壽命也相對提高；若磨盤口徑夠大，就能有越多、越長的切割溝槽，這樣可以磨出越均勻的顆粒。

2.磨盤固定方式

單點固定式的平行刀磨盤如Rancilio Rocky，研磨較硬的淺焙咖啡豆，容易產生偏斜，久了便會影響到整體研磨的均勻度；三點固定式的平行刀磨盤如台製900N／901N、義製Mazzer Super Jolly／Mini等等，因為固定方式相對較穩定，刻度較不易偏斜。平行刀的磨盤一旦偏斜，兩片磨盤中間的縫隙就會因晃動而忽大忽小，磨出的顆粒也就忽大忽小。錐形刀磨盤則要看外圍磨盤的固定方式是否穩固，一般家用的小錐刀磨豆機因為磨盤尺寸小，固定方式也很陽春，在研磨時一定會左右跳動，讓顆粒均勻度大打折扣；錐形刀磨豆機的磨盤尺寸一定要夠大，才能做好磨盤固定，也才有足夠的微調範圍可以應付Espresso。

3.磨盤材質

磨盤材質若不夠堅硬，則容易磨損甚至刻痕容易斷裂，造成研磨不均。目前市面上現有的磨盤材質以硬度高低依序為陶瓷磨盤＞鎢鋼磨盤＞高碳鋼磨盤＞其他較軟質合金磨盤＞普通鐵質磨盤。其中陶瓷磨盤雖然硬度最高，但因其材質缺乏金屬的延展特性，因此若研磨物中夾雜硬度稍高的小碎石之類異物，便容易整塊磨盤碎裂，因此若是選擇陶瓷磨盤機種，則咖啡豆中雜質的篩選就更顯重要。

「研磨速度」最直接影響的便是咖啡香脂逸散程度的多寡。而影響「研磨速度」的關鍵則是：

1. 馬達的轉速（RPM）：轉速越快，則帶動磨盤粉碎速度就越快，但是高轉速

▲各式磨盤材質。

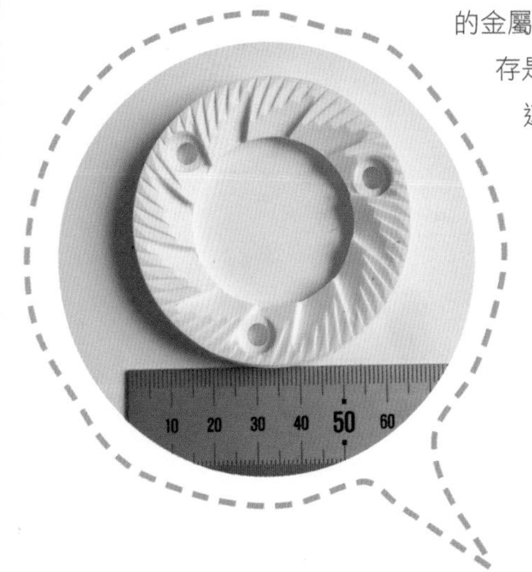

的金屬磨盤相互摩擦頻率高，容易生熱，對於咖啡香氣的保存是一大殺手。適合研磨咖啡豆的磨豆機，應具備「低轉速」的特徵。研磨品質佳的幾款磨豆機轉速幾乎都介於400RPM～1500RPM之間，高於2000RPM的機種只適合研磨少量的咖啡豆，不適合大量或連續使用。

2.磨盤大小：磨盤尺寸越大，每一單位時間可以處理的咖啡豆就越多、能夠容納的刀葉刻痕數目越多、越精細，先被研磨的咖啡顆粒與後被研磨的咖啡顆粒，其香氣逸散的程度差異就越小。由於主流的磨盤材質都是金屬質，若採用小尺寸磨盤，勢必就得以高轉速來彌補整體研磨速度，但是這樣就容易讓磨盤生熱，犧牲了若干咖啡香氣。

3.馬達扭力（Torque）：一般磨豆機的規格表中並不會列出扭力值，扭力影響的是馬達啟動時的力道，扭力強的較不容易因為咖啡豆質地稍硬就卡住。

當然，我們在選購時也不太可能要求商家拆給我們比較，尤其是購買進口品牌時，商家都重視「原裝未拆封」這個原則，一來是因為大廠牌對於本身商品的品質都較重視，另一方面「原裝未拆封」的做法才是確保消費者買到的機器沒被動過，若有瑕疵，退換貨時較不會有爭議。

購買國外進口的機種，時常會因為匯率浮動而影響到售價調整。當一些中階的進口機器售價已經漲得不像話時，不妨可以考慮中階以上、國產的機種。對於磨豆機只有一個信奉準則，就是「均勻度第一」，品牌只是其次的考量。如果你的預算沒有問題，當然可以盡量選擇研磨品質高、機器外觀質感佳的進口機種，但是如果預算有限，又真的忍不住想要趕快試試自己在家煮咖啡的樂趣，除了屈就自己去買較低階機種的新機之外，筆者也建議可以上各大咖啡討論區逛逛，有時候會有人把中、高階的機種拿來二手交易，這種機會是最超值的，但是要注意磨盤的損耗程度，必要時必須另外購買新的磨盤來替換。你可以在附錄B「沖煮技術自修資源」處找到各大咖啡討論區的相關資訊。

學會調整磨豆機的刻度

磨豆機調整部分，以下四台較常見的磨豆機，筆者先做略為深入的介紹，包括刻度調整方式，以及「歸零後」的刻度對照表。這四台磨豆機分別是小飛馬（600N）、Rancilio Rocky、台製901N、Mazzer Super Jolly等四台：

1.小飛馬（600N）：固定刻度式的磨豆機，研磨刻度以轉盤直接撥動調整，由最細的1號到最粗的8號。小飛馬最細的刻度無法應付Espresso的需求，亦無法做到精準的微調，因此只適合家庭用，屬於入門者且預算有限者。

2.Rocky：固定刻度式的磨豆機，調整刻度時必須壓住機器上座右側的卡榫，再轉動上座的刻度盤，調整至適當的號數。其中有數字標示的範圍僅為0～50，另外還有無數字標示的範圍若干，號數越小就越細。將刻度歸零後，適用於Espresso的刻度落在2～8之間，必須調整到固定刻度號數的位置上，才可開始研磨，如果你想一開始就接觸Espresso，最少必須要搭配這一款磨豆機。

【ROCKY磨豆機】

以一隻手壓住卡榫再調整刻度盤。

▲小飛馬最細刻度。

▲小飛馬最粗刻度。

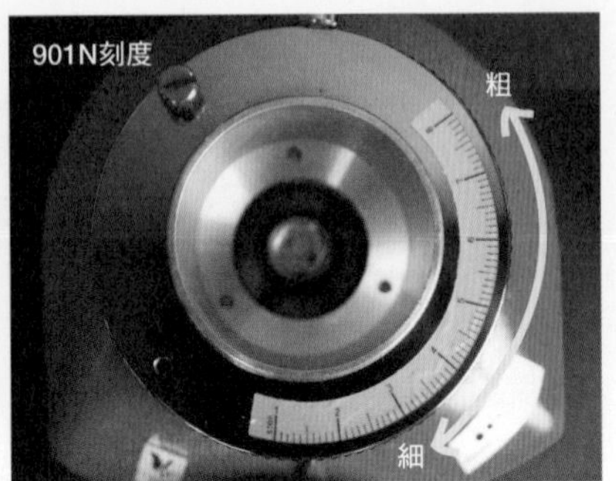

3.900N／901N：無段微調式磨豆機，調整刻度僅需轉動刻度盤側邊的調整棒，調整至適當的號數。刻度盤上標示的號數是1.0～8.0（每個整數刻度中間還分成10小格），調整範圍除了標示單位上的刻度之外，還能任意調整到小格與小格中間的位置。如果想要開始深入玩各式沖煮法，這台磨豆機的價格／研磨品質比是非常好的一個選擇，由於是國產的機種，目前售價與Rocky接近，但功能卻強大許多。

4.Mazzer Super Jolly：無段微調式磨豆機，刻度調整方式與900N／901N相同，唯Super Jolly的刻度盤設計是「整圈」的刻度，由0.0～9.9繞回來成一整個圓圈，微調精準度更高。每一台Super Jolly在出廠前都已調整至「歸零」位置，因此一開原裝箱，未經任何調整時，可以見到刻度盤上方的定位貼紙，這張橫跨10個小格的貼紙範圍，正好是適合沖煮Espresso的粗細度，但是歸零位置落在刻度盤的哪一個數字上不一定，因此筆者建議在一開箱後馬上做下記號，之後才能做其他刻度的調整。Super Jolly的研磨均勻度較前三者更高，磨盤材質及刀葉刻痕更優良，屬於中階與高階磨豆機的過渡型機種，但是價格／研磨品質比卻是國內外公認最高的一台機器。

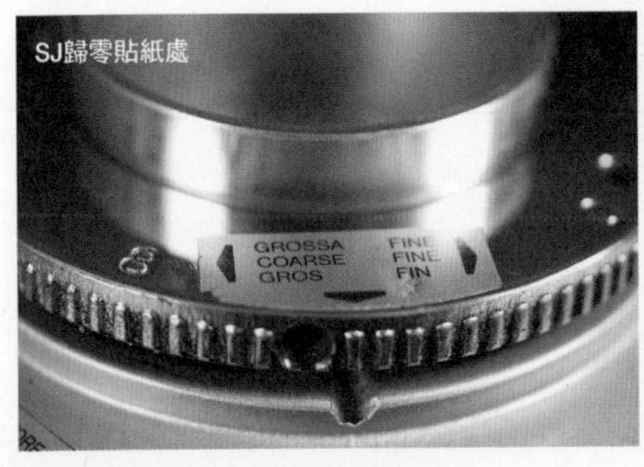

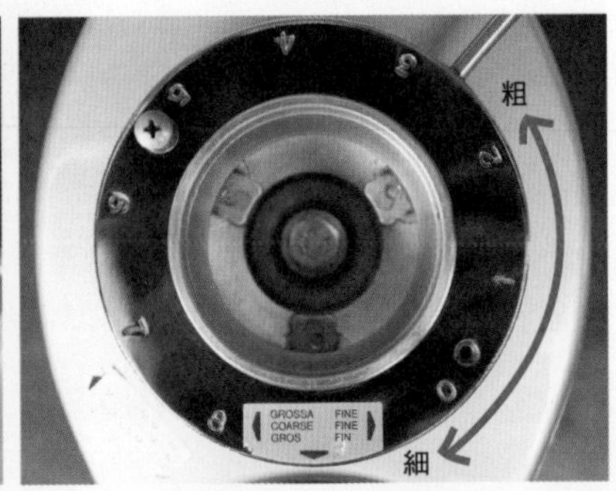

另外關於「歸零」的重要提醒：上述四種磨豆機中，只有Mazzer Super Jolly在原廠出廠前有做歸零的動作，因此只需要照著出廠設定就可以抓刻度值的概略位置；前三種磨豆機在一拿到時，必須自行做「歸零」，這個動作的目的是要找出磨豆機最細小的研磨單位，調到歸零位置，會使得兩個磨盤相互碰撞而發出金屬摩擦聲，因此請勿時常做歸零，以免磨盤耗損速度太快，會嚴重影響研磨均勻度。在良好的使用情況下，一組刀片可以堪用400～600磅的研磨量，在家庭用、一週研磨一磅的量來計算，可以使用40～60週（280～420天），研磨量越少，當然就可以耐用越久。若太常將磨盤歸零，可能就無法使用這麼久了，請特別注意。

磨豆機／沖煮法　刻度對應表

（本表建議皆以未重新拆裝磨盤過的磨豆機為準，若已重新拆裝過磨盤，請依本表原則重新找尋您磨豆機的對應刻度）

	小飛馬600N	Rocky	900N／901N	Super Jolly
Espresso咖啡機	×	3～5	1.5～2.5	出廠標籤中心點±5小格
手沖（濾布式）	2.5～3.0	18～21	3.5～4.0	出廠標籤中心點＋10～15小格
手沖（濾紙式）	3.0～3.5	25～28	4.5～5.0	出廠標籤中心點＋15～20小格
美式咖啡機	3.0～3.5	25～28	4.5～5.0	出廠標籤中心點＋15～20小格
摩卡壺	2.5～3.0	18～25	3.5～4.5	出廠標籤中心點＋10～15小格
虹吸式	3.5～4.0	27～30	4.5～5.5	出廠標籤中心點＋24～26小格
法國壓（細）	4.5～5.0	30～33	5.5～6.5	出廠標籤中心點＋27～30小格
法國壓（粗）	6.0～7.0	60～65	1.0刻度盤向右調粗180°	出廠標籤中心點＋50～55小格
冰滴	4.5～5.0	30～33	5.5～6.5	出廠標籤中心點＋27～30小格

第四章

手沖式 完全攻略

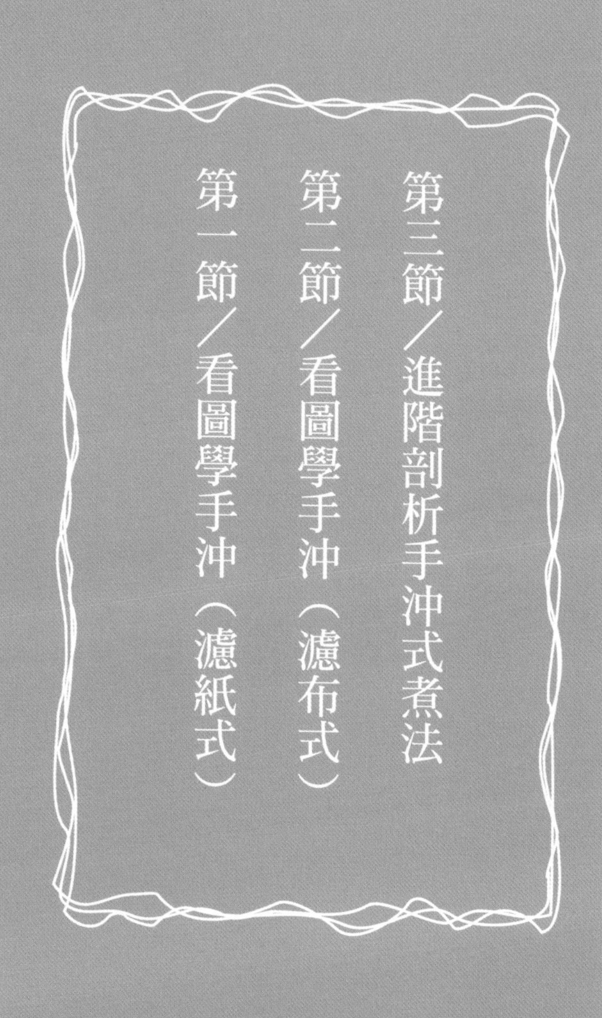

第三節／進階剖析手沖式煮法

第二節／看圖學手沖（濾布式）

第一節／看圖學手沖（濾紙式）

第一節

看圖學手沖（濾紙式）

手沖概論

手沖式沖煮法有點類似美式咖啡機的原理，都有「注水」、「浸泡」、「過濾」三個環節，只是手沖式的「注水」是由人工完成的，讓沖煮者享受更多動手沖泡的樂趣。

手沖法是很容易第一次就上手的沖煮方式，不容易沖出難以入口的咖啡，但若要沖出水準之上的一杯，則必須注意非常多環節及變數，進階技巧的門檻要求較高，因此必須更深入了解「萃取」的原理。開始入門玩手沖只需要準備好下列幾種基本器具，就可以輕鬆開始自己煮咖啡：

1. 注水用手沖壺（裝熱水、注水用）。
2. 濾杯、濾紙組，或是法蘭絨濾布。
3. 下方盛接壺。
4. 磨豆機。
5. 咖啡豆。
6. 溫度計（量測手沖壺水溫用）。

▲濾杯、濾紙組。

▲濾布專用壺。

法蘭絨濾布。

濾紙式手沖與濾布式手沖有不同的研磨需求，因此將分為兩個主題分別進行操作示範。前者沖出的咖啡，因為濾紙會吸附咖啡的脂質成分，醇厚感較稀薄；後者由於濾除咖啡的脂質成分較低，因此沖出的醇厚感較佳。

濾紙式手沖沖泡建議

咖啡豆烘焙深度建議：Full City Roast到French Roast之間。

使用豆量建議：每200cc的水量使用15～20克的咖啡粉，依個人口味濃淡做粉量調整。

＞沖煮目標

1.使用Vienna Roast程度的咖啡豆20克。

2.分成三回合，共沖出200cc的咖啡液。　3.熱水溫度85℃。　4.計時3分鐘。

小飛馬刻度3.0～3.5。

Rocky刻度25～28。

901N刻度4.5～5.0。

Super Jolly刻度
標籤中心＋15～20。

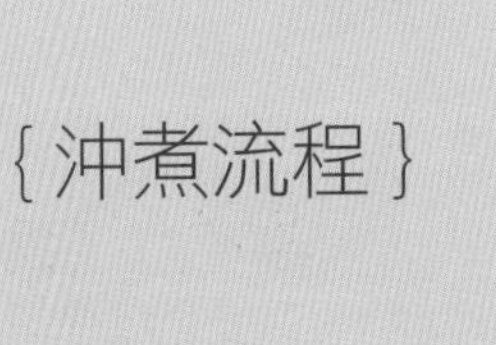

{沖煮流程}

1

以熱水預熱陶瓷濾杯、再放入折好的濾紙。

2

將裝有咖啡粉的濾杯拿起，拍平裡面的咖啡粉。

3

先在一旁拿裝有適溫熱水的手沖壺，試著倒出一些水柱，抓注水的手感。

4

找到適當的注水手感之後，先朝咖啡粉中心開始注下第一回合的水柱，同心圓、順時針由內向外繞3～4圈，但熱水不要注向粉的外圍。開始計時。

5

停止注水，讓咖啡粉層自然膨脹20秒。

6

滴下的前幾滴咖啡液倒掉。

7

繼續注第二回合的水柱，由內向外繞3～4圈，再換由外向內繞3～4圈回到中心，停止注水，一樣不可注向粉層周圍。

8

濾杯中的熱水滴漏剩下1／3時，再進行第三回合注水，由內向外繞3～4圈，再換由外向內繞3～4圈回到中心，停止注水。

09

待滴漏下的咖啡液達到200cc，就移開濾杯，沖煮完成。如果時間已超過卻還沒滴出足夠的液量，代表你的注水速度不夠快，需再多加練習注水的頻率。

清潔步驟 濾紙式手沖

1. 將濾紙連同沖煮過的咖啡渣丟棄，盡量丟到廚餘桶。
2. 濾杯以清水沖洗乾淨，之後再以乾淨的布拭乾。
3. 盛壺以清水沖洗乾淨，倒置讓水瀝乾。
4. 手沖壺內剩餘的水倒掉，倒置讓水瀝乾。

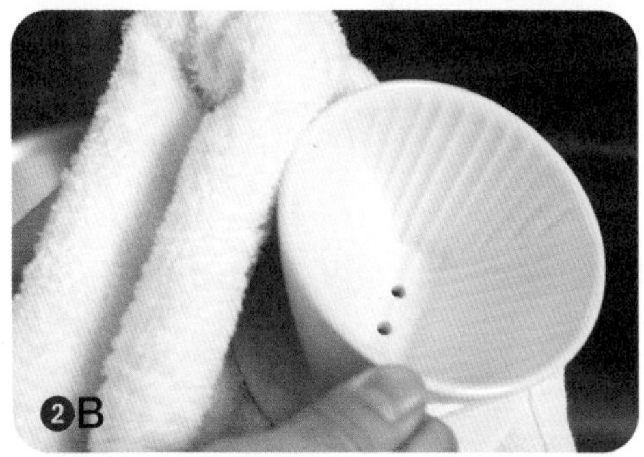

第二節 看圖學手沖（濾布式）

濾布式手沖沖泡建議

濾布式手沖較特殊之處，除了沒有濾杯以外，另外就是濾布的氣孔較大，且熱水從裡面滲流出來的速度較快，因此不適合使用與濾紙式手沖一樣的研磨細度，否則滴漏速度會太快。濾布式手沖需要用到蠻細的研磨刻度，細研磨的目的就是要加強鎖水能力，熱水才不會太早就通過咖啡顆粒滲流出來。

另一個重點就是濾布形狀，由於濾布內的空間較窄、深，同樣使用15克的咖啡粉，在濾布內的咖啡粉堆出的厚度較高。要讓咖啡粉在短時間內均勻浸濕，就必須想辦法使厚度減少（但不能減少咖啡粉的量）、擴大與水接觸的面積，做法就是在入門篇提到的「在咖啡粉表面挖出深度2～3公分左右的坑洞」。

濾布的孔會隨著每次沖煮而殘留若干咖啡脂質，久了便會讓滴漏的速度變慢，此時就是該換新濾布的時機。換了新濾布之後，由於是全新未被堵塞的布，所以滴漏速度會稍微偏快，要再把研磨刻度略調細一點，藉由提升咖啡粉的鎖水力，彌補新濾布過快的流速，但是沖煮過兩三次以後，必須將研磨刻度調整回來，以免到時滴漏速度過慢。

咖啡豆烘焙深度建議：Full City Roast到French Roast之間。

使用豆量建議：每200cc的水量使用15～20克的咖啡粉，依個人口味濃淡做粉量調整。

＞沖煮目標

1.使用Vienna Roast程度的咖啡豆20克。

2.分成三回合，共沖出200cc的咖啡液。　3.熱水溫度88℃　4.計時3分鐘。

1 小飛馬刻度2.5～3.0。

2 Rocky刻度18～21。

3 901N刻度3.5～4.0。

4 Super Jolly刻度標籤中心＋10～15。

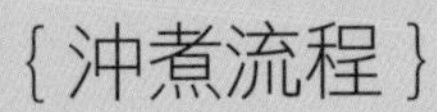

{沖煮流程}

1

將濾布架到滴濾壺上，以熱水先預熱。

2

倒入咖啡粉並用手將粉拍平。

3

在粉中間挖一個深約2～3公分的坑洞。

4

先拿著手沖壺試一試水柱強度及大小。

5

第一回合，手沖壺嘴靠近咖啡粉約3～5公分處，將熱水由中間坑洞處注入，水柱衝擊力道不可太強。

6

再以順時針方向由內而外繞3～4圈，最外一圈接近濾布的位置不可注水。

7

等20秒讓粉層膨脹起來。

8

第二、三回合，由內向外繞3～4圈，再換由外向內繞3～4圈回到中心，停止注水。

9

滴漏到200cc時，移開濾布，沖煮完成。如果時間已超過卻還沒滴出足夠的液量，代表你的注水速度不夠快，需再多加練習注水的頻率。

清潔步驟 濾布式手沖

1. 將濾布中的咖啡渣丟棄，最好是丟到廚餘桶裡。
2. 以清水沖洗到完全無咖啡渣殘留，再浸泡到熱水中，讓咖啡油脂等溶出。
3. 盛壺以清水洗淨後倒置瀝乾。
4. 將手沖壺剩餘的水倒掉，倒置瀝乾。
5. 將濾布裝進密封袋，放進冰庫保存。

1

2A

2B

3

新品介紹—杯架式濾袋（掛耳包）

以硬式卡紙做成的杯架構造，加上流速適中的不織布過濾層共同組合而成。可直接架在許多不同口徑的杯子上，且整體撐開後的結構設計得非常理想，隨手一沖都能得到醇厚感絕佳的手沖式咖啡，不得不佩服發明這個小東西的人，有了這個杯架式濾袋，就不必再多添購濾杯、濾紙等，沖完即丟非常便利。目前有幾個廠牌可以選擇，其中較知名者為Kalitta這個品牌。以下是杯架式濾袋沖泡的幾個特寫。

第三節 進階剖析手沖式煮法

在照著前兩節圖解式教學操作之後，相信你也體會到要沖出一杯杯味道接近的手沖式咖啡有多大的難度，本節針對一些平時你不會注意到的問題，特別加以分析，希望對各位修練手沖技巧能有所幫助。

手沖壺構造的秘密

市面上的手沖壺形形色色，要挑選一支好用、穩定的手沖壺，就必須挑選具備以下構造的壺種：

1. **手沖壺身**：下寬上窄的設計，壺嘴起點在壺身底層，讓注水過程中不致因起點高過水面，而產生水流嚴重忽大忽小的情形。壺身容量為1公升左右，在沖煮較多份量的咖啡時，水量才不會不夠。
2. **手沖壺嘴**：壺嘴起點到出口這一段的弧度緩和、路徑較長，能讓水流更平穩，壺嘴下緣呈鳥喙形較能讓水流方向更容易掌握。
3. **手把**：手把形狀容不容易握、注水時水位重心變化的影響高低，以及手腕的舒適度高不高，都是選購手沖壺的重點。因此在購買前，先試拿看看，以操作順暢為前提。

手沖壺的構造重點在壺身形狀及壺嘴弧度、大小，簡易式的手沖壺設計上較不仔細，注水時的水流容易忽大忽小，影響注水的均勻度。水柱過粗時，衝力較大，容易沖壞濾杯中的粉層結構，水柱過細時，則會拉長整體萃取時間，水溫下降幅度變大，萃取率降低。

穩流式手沖壺水柱流出情形

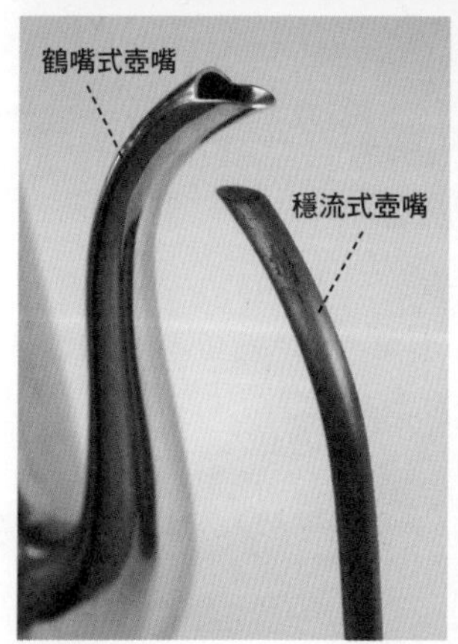

鶴嘴式手沖壺的水柱

水溫下降問題

手沖法唯一較難顧及的就是不斷下降的水溫，水溫的問題必須分成兩部分探討，一是「壺內水溫」，另一則是「注水時散失的水溫」。

先討論壺內水溫下降的問題。理論上，手沖壺的容量越大，壺內水溫下降的幅度就會越小；但實際上如果壺身容量大於1.2公升，會影響到操作穩定度以及舒適度，若使用大容量的壺長期操作手沖動作（像是在日系咖啡館任職或打工），可能要做好手腕的防護措施。筆者建議選購1公升左右的壺最佳。

在有限的容量之內，要如何讓壺內溫度不下降太多呢？可能的方向有三：

1. 以較短的時間達到沖煮目標：壺內水溫隨時間而逐漸下降，只要將總注水時間縮短，就能達到這個目標。缺點是萃取出的風味濃度比例可能不理想。

2. 選用適合直接加熱材質（如不鏽鋼）的手沖壺：不鏽鋼材質的手沖壺直接加熱後不會釋放出有害身體的成份（銅製手沖壺較不適合直接放在火源上加熱），在沖煮過程中快速再加熱到適當溫度，然後再繼續沖煮。缺點是耗費的加熱時間可能太長。

3. 在一旁準備另一個大的熱水瓶或持續加熱的水壺：沖煮到一半時，適時補充熱水進手沖壺，再繼續沖煮。缺點是較難拿捏回復的水溫幅度，但已較前兩種方法快，且又不會犧牲掉萃取濃度比例。

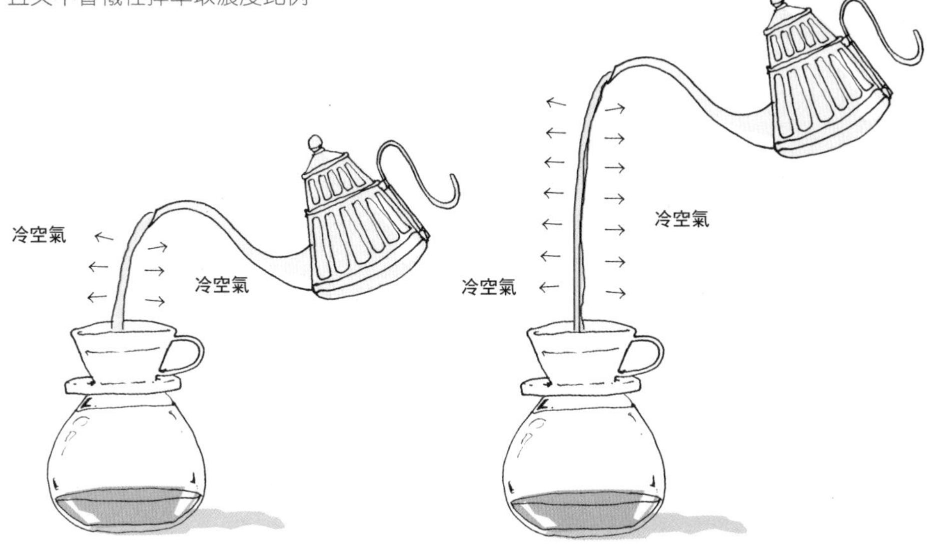

再談到注水時散失的溫度。熱水自壺嘴流出的那一刻起，便歷經幾個會造成溫度散逸的旅程：

1. 壺嘴到濾杯之間的距離：由圖中可知，水流路徑越長，熱水柱與周圍冷空氣接觸面就越大，散失的溫度就越多。因此最理想的解決之道，就是縮短「水柱長度」，筆者建議這段距離最好控制在4～6公分之間。

2. 水柱碰到咖啡粉及濾杯時的溫差：室溫下的咖啡粉大約只有15～20克，對於萃取溫度的影響不是很明顯；使用持溫性較佳的陶瓷濾杯時，必須事先以熱水預熱，熱水才不會被冷濾杯奪去太多溫度，影響萃取效率。

注水方式與濃度的關係

以往只有區分為「斷水法」與「不斷水法」＊兩種注水方式，其實是不夠的。如果想要讓手沖的品質更穩定，就必須將時間因素考量進來，也就是要把「注水」加上「滴漏出固定咖啡量」的時間限制在一定範圍內，才能將不穩定的環境因素減到最低，這也是為什麼前面的步驟中要加上一個「3分鐘完成注水」的原因。

＊「斷水法」指的是每沖完一圈，就停止注水，讓溶有風味成份的咖啡液先滴下大半，再繼續注水、停止注水、滴漏，反覆這個循環若干次，中間有停止注水動作的就稱作「斷水法」，沖出的咖啡濃度較高；反之，注水動作一直持續未曾中斷，就是「不斷水法」，沖出的咖啡濃度較薄。筆者較偏好斷水法沖出的咖啡口味。

「時間限制」的操作方式一點也不複雜，只是在你注水時，加入一個計時器，觀察你用了多少時間，沖出預計目標的咖啡液量。比方說，你使用20克的咖啡粉，預計3分鐘內沖出200cc液量的咖啡，注水動作一開始，就按下計時器，看看自己能否達到這個目標。

之後先品嚐看看，觀察這個時間範圍內滴漏完的咖啡，是否符合你的口味濃淡要求，並試著記住風味特徵；假如你覺得咖啡口味太濃，試著縮短30秒的時間限制，如果覺得太淡，就延長30秒，一樣都要滴完200cc。反覆操作3～5次，品嚐看看風味是否接近。

你可能會發現，即使滴漏速度接近，5次裡也許有1～2次的味道相似，其他幾次味道差異就有點懸殊，這時就該研究「粉層」與「水柱強度」的問題了。

粉層在手沖法裡扮演一個很微妙的角色，其中一個功能就是要負責提供阻力，讓熱水得以停留在濾杯裡足夠的時間，溶出足夠的風味成份，但是粉層必須具有一定的支撐力道，才能發揮這個功能。為了不讓粉層支撐力減弱，就必須拿捏好「水柱的強度」、「注水的位置」，加上「穩定的繞圈手法」，才是一套完整的「注水」技術。

濾杯形狀與注水的關係

濾杯主要差異點在於材質及滴漏孔數量，材質分為耐熱塑料、陶瓷及金屬三種，影響的是濾杯中的持溫能力，其中以陶瓷濾杯保溫效果較佳；滴漏孔數量影響的是滴漏速度，越少的孔，水往下漏的速度越慢，萃取時間就會延長。

由圖中可知，從正上方看下去，濾杯是呈現圓形的開口，但是從剖面來分析，就知道

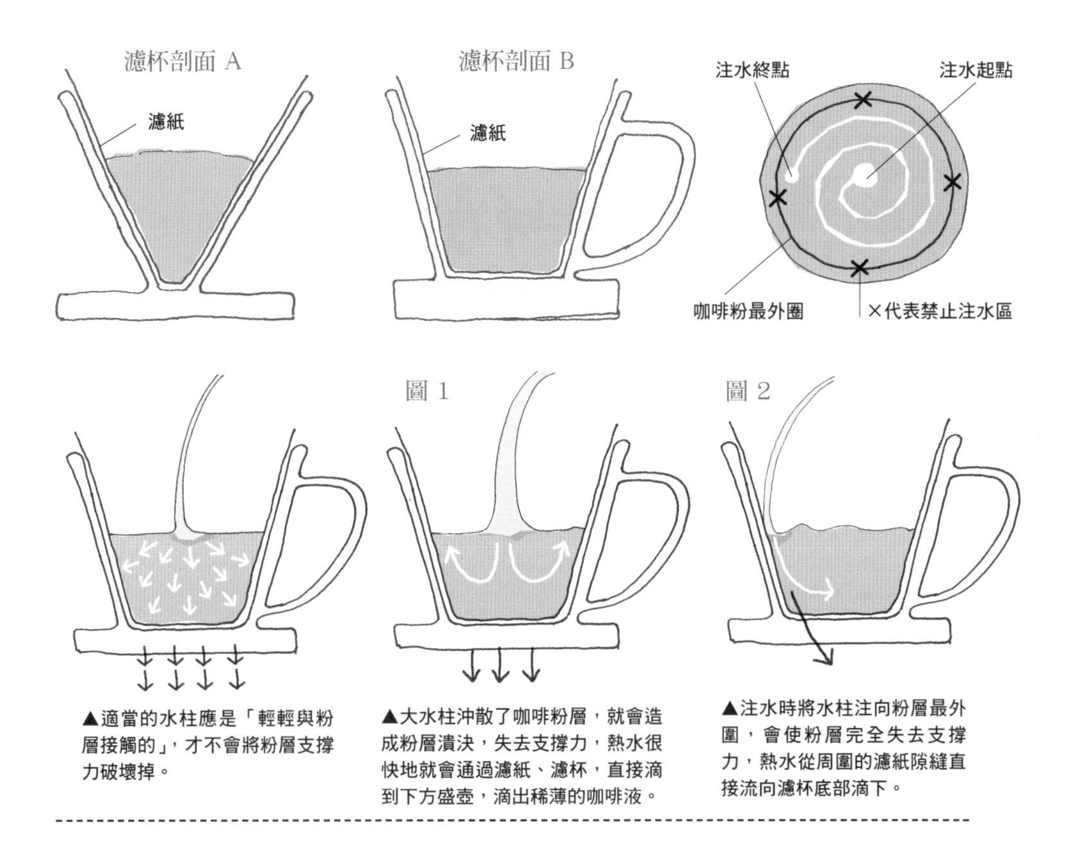

▲適當的水柱應是「輕輕與粉層接觸的」，才不會將粉層支撐力破壞掉。

▲大水柱沖散了咖啡粉層，就會造成粉層潰決，失去支撐力，熱水很快地就會通過濾紙、濾杯，直接滴到下方盛壺，滴出稀薄的咖啡液。

▲注水時將水柱注向粉層最外圍，會使粉層完全失去支撐力，熱水從周圍的濾紙隙縫直接流向濾杯底部滴下。

濾杯是呈現V字形的，越上方越寬，越下方越窄，且滴漏孔只開在底部，這種設計能讓咖啡液以緩慢的速度滴漏下去，使熱水停留在濾杯中較長的時間。咖啡粉以及濾紙可以使熱水停留在濾杯中久一些，讓更多風味成分得以釋放出來；但是如果有圖1與圖2兩種情形，反而會無法達到這個目標：

要怎麼控制水柱強度呢？這就牽涉到握手把的位置。不同款式的手沖壺有不同的手把形狀，控制的難易度各有不同，請參考右方圖例說明。筆者建議將手沖壺的熱水裝到8分滿即可，免得時常要變握手把的位置。

此外，濾杯中溝槽的功能，在於使濾杯與濾紙之間形成「空氣通道」，如果沒有了空氣通道，濾紙沾濕後

容易控制水流的手把設計

不易控制水流的手把設計

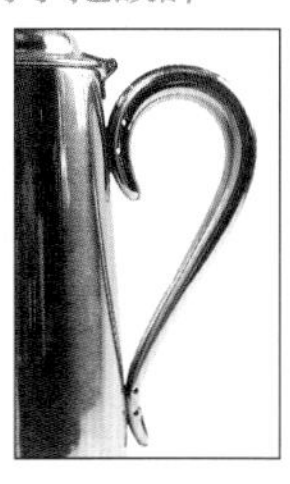

便會與濾杯壁面密合，堵塞內部的氣體排出，這樣會讓咖啡滴漏的速度減緩許多，徒增沖煮變數；就好比我們要倒出瓶子裡的水，如果只有出水口一個孔，水要花較久的時間才能流完，若除了水出口之外還能多一個讓空氣回填彌補的孔，水就可以較順利流出。

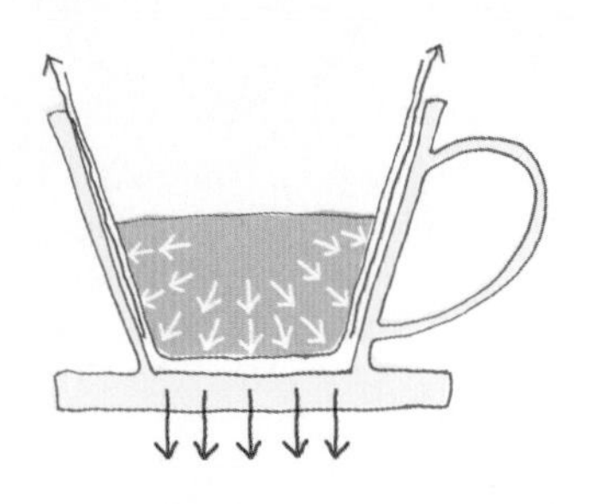

▲有空氣通道時，粉層中央較不易產生大氣泡，影響粉層支撐粒。

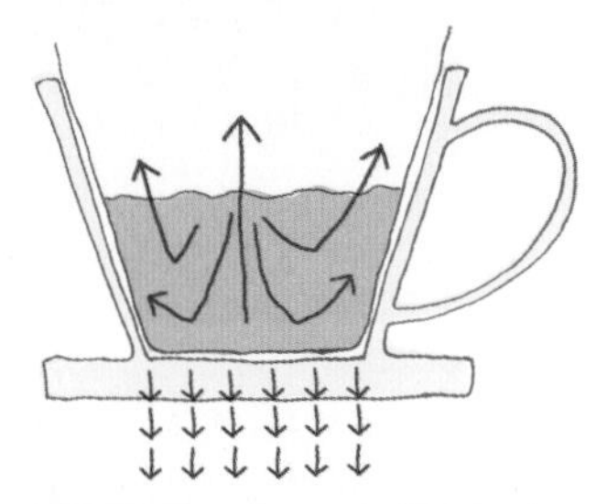

▲通道受阻時，熱汽及咖啡粉內的氣體無處可鑽，只能由粉層表面冒出，如此會對粉層造成較大的破壞。

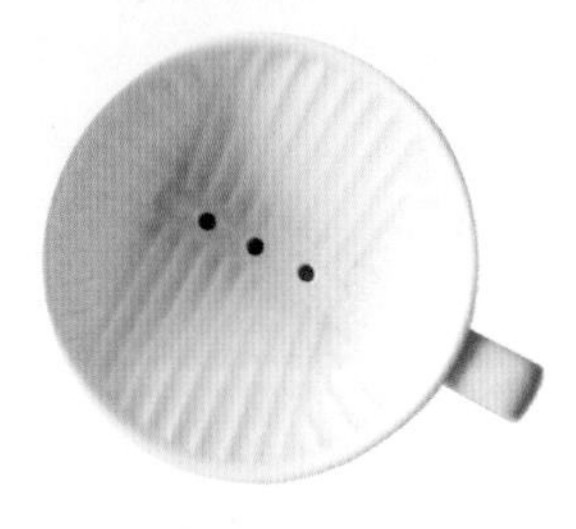

▲內部溝槽設計，方便讓空氣對流較順暢。

口味不對時的修正方式

所謂的口味不對，泛指偏淡、偏濃，以及沖出過多令人不適風味這三種情況。

A.口味偏淡的修正方式

1. 其他做法不變，只將「研磨顆粒」調細一些，增加吸水的顆粒數，將熱水保留得久一些，便可提高咖啡液的濃度。
2. 其他做法不變，僅「略增加3～5克的同研磨度咖啡粉」，讓「粉層」的厚度增加，加強其吸水能力，濃度便可提升。
3. 其他做法不變，將咖啡豆換成更深一點的烘焙度，較深烘焙的咖啡豆膨脹能力及吸水能力都較好，可以把熱水保留在粉層中萃取多一點成分，將濃度提升，但整體風味會因咖啡豆烘焙度變換的關係而變得略有不同。
4. 其他做法不變，只將「注水頻率」放慢一些，原木是3分鐘沖完200cc，就換成3分30秒沖完200cc。若還不夠濃，可以再延長時間。
5. 其他做法不變，只提升「萃取溫度」，將熱水的萃取能力提升，看能不能沖出更多的味道。此做法不適用烘焙度過深的咖啡豆，切記。

B.口味偏濃的修正方式

1. 千萬不要在濃濃的咖啡中直接加水，那樣會將口感沖淡太多，失去了美感。
2. 其他做法不變，只將「研磨顆粒」調粗一點，減少吸水的顆粒數，讓熱水通過粉層的時間變短，便可降低咖啡液的濃度。
3. 其他做法不變，僅「略減少3～5克的同研磨度咖啡粉」，讓「粉層」的厚度變薄，減低其吸水能力，濃度便可降低。
4. 其他做法不變，將咖啡豆換成略淺一點的烘焙度，中淺烘焙的咖啡豆膨脹能力及吸水能力都稍弱些，熱水停留在粉層中萃取的時間變短了，濃度就會變淡。
5. 其他做法不變，只將「注水頻率」加快一些，原本是3分鐘沖完200cc，就換成2分30秒沖完200cc。若還太濃，可以再酌減10秒或更多時間。
6. 其他做法不變，只降低「萃取溫度」，將熱水的萃取能力減低，味道就會變淡、變弱。但此做法會有部分在高溫才出的來的風味被犧牲掉。

C. 沖出過多令人不適風味時的修正方式

1. 其他做法不變，降低「萃取溫度」，把萃取率降低後，令人不適風味就不致出現太多。但此法是一種等同於掩耳盜鈴的行為，萃取率降低的同時，好的味道也出不來，因此這樣沖出的一杯咖啡是沒什麼值得期待的。
2. 其他做法不變，更換沖泡的咖啡豆種類，甚至購買不同咖啡館的咖啡豆來試，因為這種風味成因也極有可能是烘焙所造成，在沖煮面再怎麼修正也難以回天。
3. 其他做法不變，更換沖泡用的水源，水質不良也很有可能讓你的咖啡喝起來一堆怪味，請投資個好一點的生飲水設備吧。
4. 所有步驟完全照做，只更換不同的磨豆機，比較看看沖出的差異。

第五章

虹吸式 完全攻略

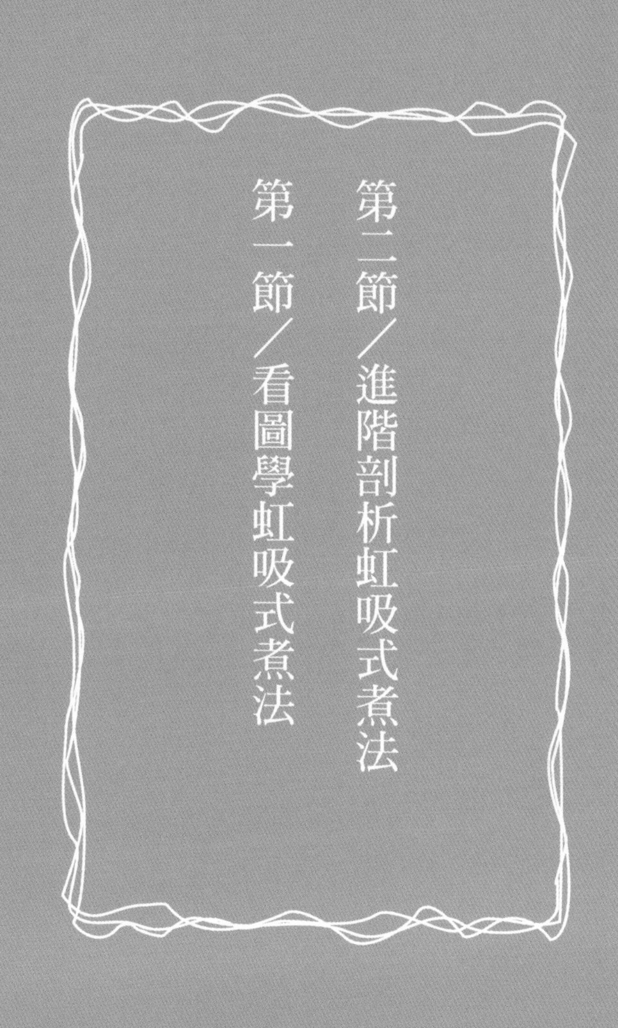

第二節／進階剖析虹吸式煮法

第一節／看圖學虹吸式煮法

第一節 看圖學虹吸式煮法

虹吸式原理

在許多講究「手工咖啡」的店裡，時常可見到一種很像理化器材的上、下兩個玻璃容器，底下用酒精燈或是瓦斯燈加熱，下壺的水就會很奇妙地升到上壺，煮好移開火源後，咖啡又奇妙地降回下壺。這個器材就是「虹吸式咖啡壺」(Siphon／Syphon)。

造成這奇妙現象的道理其實就是一個簡單的物理現象：水的體積變化。在1大氣壓的環境底下，1公克的液態水與1公克的水蒸汽，其體積比為1：100。下壺的水會升到上壺，就是因為加熱到沸點之後的水蒸汽體積迅速增加，但因為沒處釋放，便推擠液態水以增加容納水蒸汽的空間，於是液態水就經由管路被推往上壺，並繼續被源源不絕的水蒸汽支撐在上壺。

▲虹吸式咖啡壺的原理就是用下壺的蒸汽推力，支撐上壺水的重量。

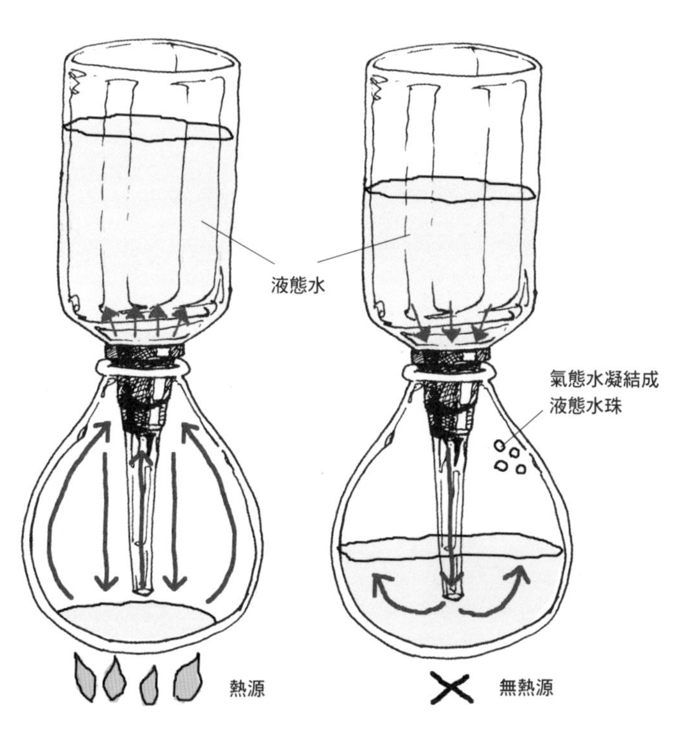

▲底部熱源不斷製造氣態的水蒸汽，維持上座的液態水不至往下掉，提供了巧妙的熱平衡。

▲熱源移開後，不在產生具支撐力的氣態水，溫度下降，水蒸汽凝結後，釋出原本佔據的空間，此時下壺產生負壓，將上座液體回吸。

沖煮完成後，移開了火源，由於下壺已不再繼續製造水蒸汽，且漸漸冷卻回凝結點，因此體積迅速縮小，在下壺形成了「假真空」狀態，提供了一股回吸力道，將上壺的咖啡液抽下來，填補多餘的空間。若讓下壺的水蒸汽凝結得更快，則上壺咖啡液下降的速度也會加快。

由於此沖煮法是以「高溫燉煮」的方式進行萃取，因此在處理中、淺烘焙度的咖啡豆較容易，可煮出不錯的醇厚度、酸度、甜度，但若是沖煮環節中稍微不注意，或是咖啡豆本身在烘焙階段時處理不當，以此法容易煮出具有雜澀味或是苦味滿佈的一杯咖啡。

虹吸式煮法還可以當作檢驗咖啡豆烘焙缺失的最佳工具，另一方面當你已能穩定掌控本煮法時，對於了解世界上各種不同咖啡豆的風味特性也有直接的加成作用。實際透過品嚐而了解各種咖啡豆特性之後，日後若是想研究Espresso式沖煮，會有較大的助益。

虹吸式煮法讓你有十足專家的架勢！使用虹吸式咖啡壺沖煮，必須備齊以下器具：

1. **虹吸式咖啡壺一組：**特別推薦使用Hario TCA-2、TCA-3兩款，橡膠墊的大小適中，雖美觀度較差一些，但使用上的便利性非常高，沖煮完成時上座較容易拔起。購買時整組含上、下壺各一，酒精燈座一個（不建議使用），過濾裝置一個，咖啡豆量匙一個。
2. **攪拌用木棒一根。** 3. **磨豆機。** 4. **瓦斯噴燈。** 5. **咖啡豆。** 6. **計時器。** 7. **濕抹布。**

沖煮前注意事項

由於虹吸壺是以特殊處理的耐熱玻璃製成，在使用前必須特別留意幾個要點，以免造成意外或損壞：

1. 開啟火源加熱之前，應確實將壺身外壁擦乾，不可有水珠。水珠直接遇上火源，被燒乾時會在壺身底部產生水垢，水垢的比熱與玻璃的比熱不同，因此只要熱脹冷縮的效應出現，壺身就容易碎裂，這時就得再購買一個下壺，是個困擾。
2. 開始加熱前，上壺應保持斜插的狀態。這麼做是為了安全起見，因為下壺一旦加熱到接近沸騰，會有大量的水蒸汽不斷爭搶有限的「氣態空間」，如果此時才將冰冷的上壺插上，底部玻璃管中的冷空氣一進到下壺，搶掉大部份氣態空間，於是下方水蒸汽就會向旁邊空隙推擠，產生「噴濺」。這是非常危險的，因此千萬要留意！

▼上座斜插狀態時，下壺瓶口通暢，水沸騰時產生的水蒸汽可自由從瓶口散發至外部而不受阻礙。

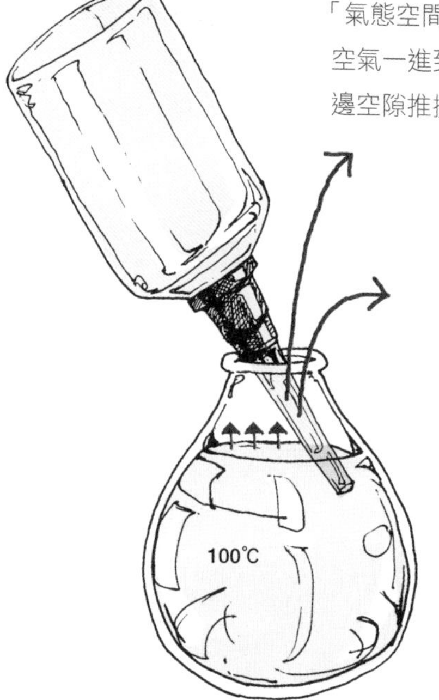

▼下壺水沸騰，上方通道受阻，產生的水蒸汽無處可去。

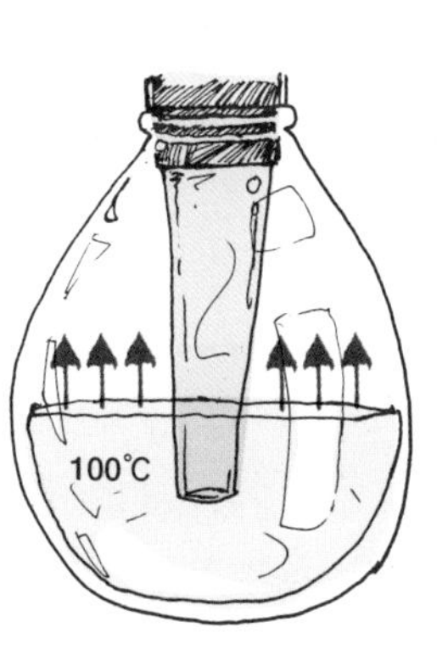

▼水蒸汽開始爭奪下壺的氣態空間。

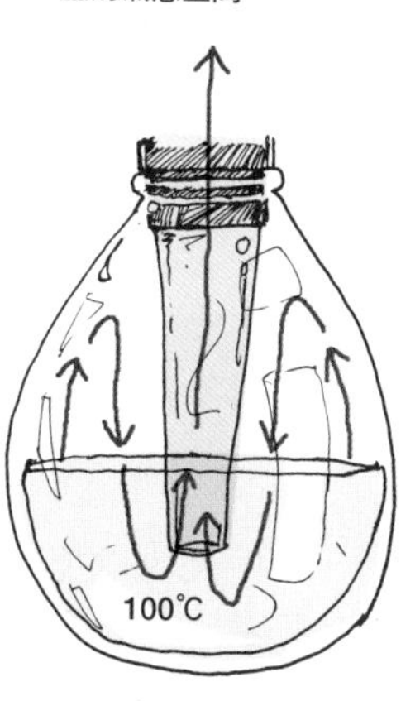

3. 上座扶正僅需輕輕壓一下即可，重壓會使得拔起來時的困難度提高，且降低橡膠墊的氣密性。
4. 初學者建議以「1分鐘計時法」開始沖煮，這是屬於較折衷的一種條件，較不易煮出失敗的作品。接下來的沖泡建議即是以此方式示範。

虹吸式煮法沖泡建議

咖啡豆烘焙深度建議：City Roast到Full City＋Roast之間。

使用豆量建議：每杯份水量（約150cc）使用13～18克的咖啡粉，依個人口味濃淡做粉量調整。

▼顆粒大小接近2號特砂。

❶ 小飛馬刻度3.0～4.0。

❷ Rocky刻度27～30。

❸ 901N刻度4.5～5.5。

❹ Super Jolly刻度標籤中心＋24～26。

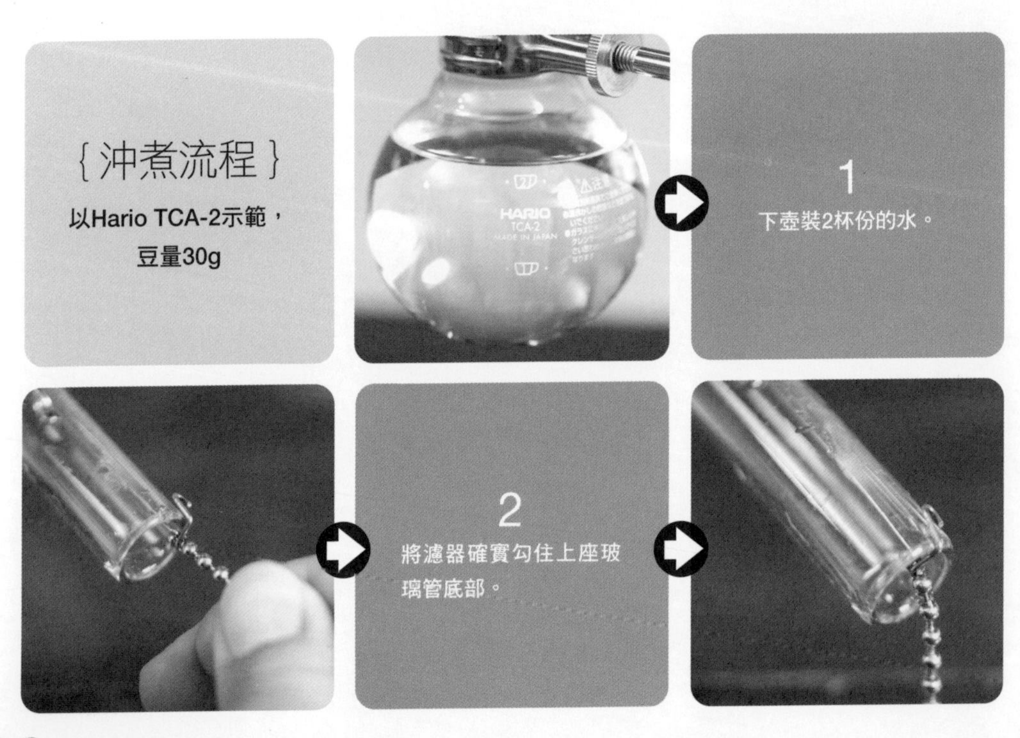

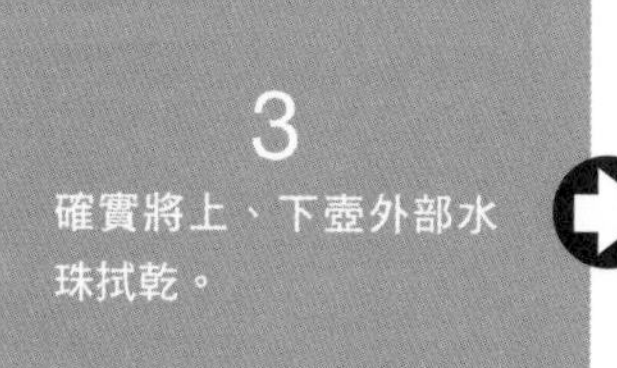

3

確實將上、下壺外部水珠拭乾。

4

上座斜插至下壺，開火。

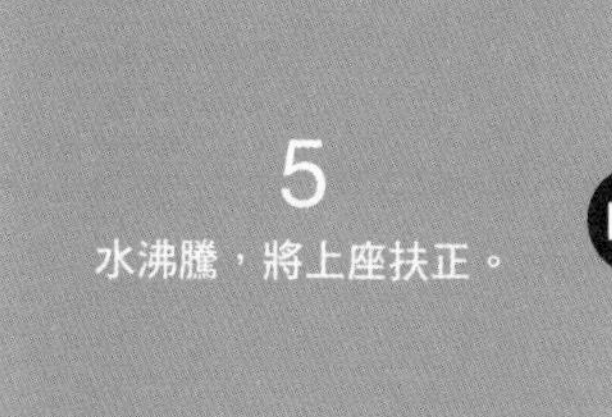

5

水沸騰，將上座扶正。

6
水開始上升，此時才準備磨豆。

7
咖啡豆磨成粉。

8
水完全上升，倒入咖啡粉。注意，倒入咖啡粉前，右手要同時持攪拌棒在上壺口待命，一下粉後就得立刻下棒攪拌。

9

以攪拌棒充分攪拌，盡量做到5秒內完全攪散。

有攪散

所有的顆粒充分與熱水混合

咖啡粉顆粒碰到熱水
才會釋出內部成分
所有的顆粒幾乎同時開始受萃取

沒攪散

部分顆粒仍是乾燥狀態

咖啡粉顆粒碰到熱水
才會釋出內部成分
乾燥的顆粒未受萃取

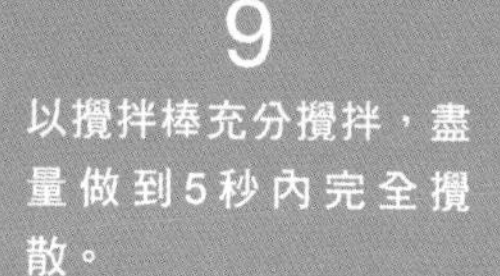

10

第30秒進行第二次攪拌，請充分攪散。

11

第55秒進行第三次攪拌，攪完關火。

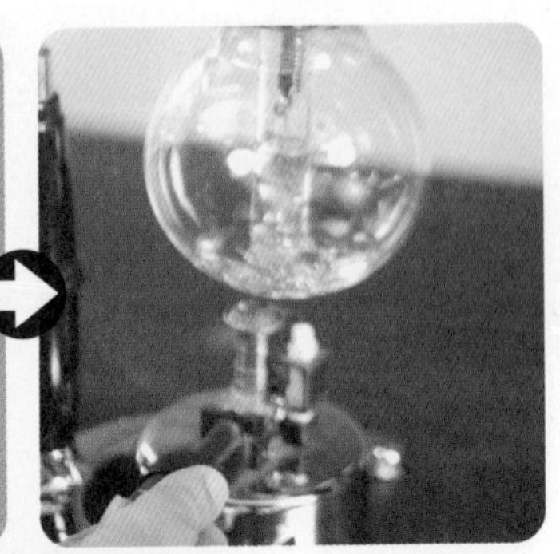

12

以濕布包住下壺壺口周圍，加速讓上座咖啡液下來。

清潔步驟 虹吸壺

分為「上座及濾器」、「下壺」兩個位置的清洗。

上座及濾器的清洗

1. 沖煮完之後，以一手握緊上座1／3位置，另一手輕輕拍打上座杯口兩三下，讓粉塊散開。

2. 先將大部分的咖啡渣倒進廚餘桶。

3. 再以木棒刮乾淨底部剩餘的咖啡渣，如此在以水沖洗前可以清除掉98%的渣滓。

1A

1B

2

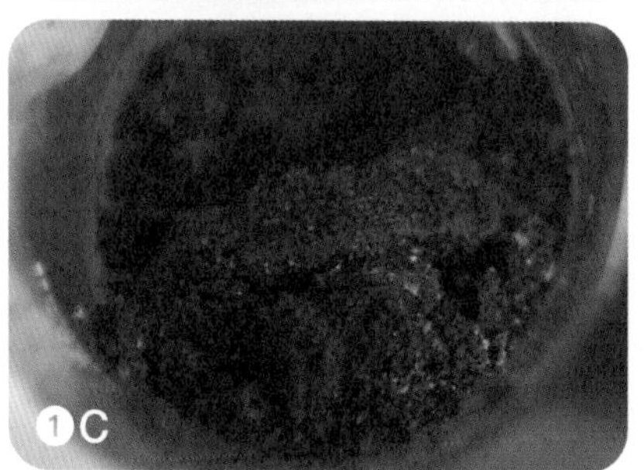
1C

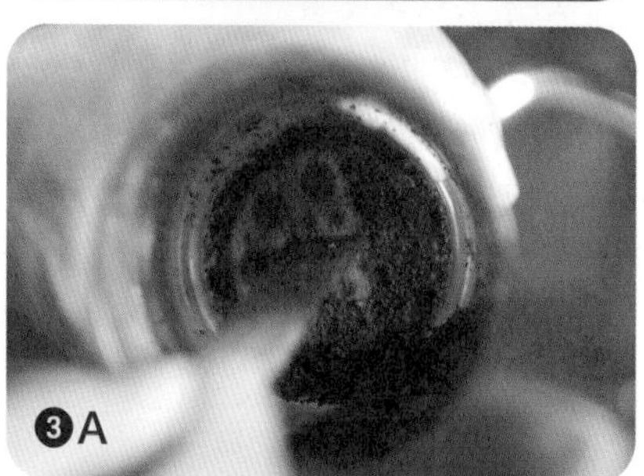
3A

3B

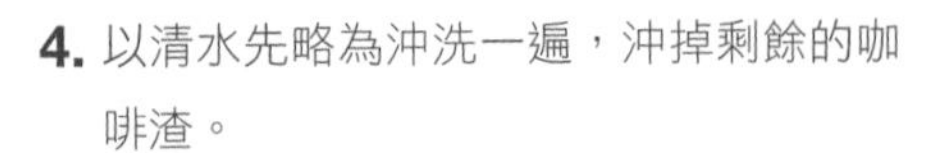

4. 以清水先略為沖洗一遍，沖掉剩餘的咖啡渣。

5. 拔下濾器，以手指搓揉，同時以清水沖洗乾淨。

6. 將濾器放進一個容器裡，以熱水浸泡，溶出殘留的咖啡油脂。

7. 將上座再以手略為搓揉，同時以清水沖洗乾淨。

8. 將上座外部以乾淨的抹布拭乾，倒置在旁邊不易碰觸的地方，以免掉落而破碎。

注意事項：清潔粉可於各大咖啡機器材行購買。進一步店家資訊，請見附錄。

下壺的清洗

1. 平時使用完畢，以清水沖洗一兩遍即可。
2. 使用一個月之後，可以使用白醋或是咖啡機清潔粉做一次較充分的清潔，將殘留的咖啡垢除去。

第二節 進階剖析虹吸式煮法

火源可調與不可調的差別

虹吸式的火源是影響上座實際沖煮水溫的關鍵因素，在入門篇時我們並沒有十分強調火源可調整性的重要性，著重的是讓你能很輕鬆地用虹吸壺煮出咖啡；但是會看到進階篇的你，一定要了解火源可調整性的意義在哪，才能更精準地掌握先天的沖煮環境（水溫）。

首先，在第二章「萃取原理」曾提過，萃取溫度高低除了會影響萃取能力以外，也會影響易揮發成分的揮發速度，易揮發成分大多是「香氣」的組成成分，而某些咖啡種類最獨到之處就是香氣表現，揮發掉太多，反而凸顯不出香氣豆的水準。因此使用的火源至少必須分為「加熱至下壺近沸騰」及「維持上座在適當水溫」兩種階段。

加熱下壺的冷水，當然會希望快一點沸騰，且與實際沖煮時的水溫並沒有太大關聯，可使用較強的火力，縮短一些等待的時間。當水沸騰了，上座插正，熱水由下往上升時，就必須將火力調整到適當大小，讓萃取環境溫度落在預期的範圍（烘焙深度Full City以內的調整到92℃～93℃即可，Full City以上則使用89℃～91℃）。

上壺的冰冷狀態，在熱水剛上升初期，會使內部水溫呈現不穩定的走勢，主要分為四個水溫波動區間：

1. 水剛開始升上上座時，熱水與冰冷上座接觸，溫差效應造成初期水溫偏低。
2. 水上升到上座中間，內部水溫開始往上升。
3. 水完全上升到上座，內部水溫達到最高點，水蒸汽上衝力道最旺盛。
4. 蒸汽上衝的速度與火源大小有直接的關係，以較強的火力繼續加熱，蒸汽會持續將上座水溫拉高。因此在此時必須調整火力，讓蒸汽上升速度緩和，達到不會再快速升溫、接近「熱平衡」的狀態。

酒精燈式的火源是不可微調的，因此不可能符合進階操作的需求。進階操作一定要搭配一個可微調火力的瓦斯噴燈，才能達到控制上座水溫的目標。

虹吸壺構造與使用上的差異比較

虹吸壺的造型形形色色，究竟哪樣的設計比較好用呢？我們必須針對「橡膠活塞」及「濾器」這兩項重點來判別一支虹吸壺是否實用。

「橡膠活塞」部分，有的壺種活塞佔了很大的空間，其氣密性無疑非常強，看似非常理想的設計。事實上卻不然，虹吸壺的氣密性不需要靠活塞的尺寸大小來決定，小尺寸的活塞因為上下壺之間的開口很小，其實更容易達到氣密性的需求；再者，越大的活塞提供越大的吸力，沖煮完要拔開是件麻煩的事，還不如用小尺寸活塞來的輕鬆愜意。因此選購虹吸壺時，「拔開上座的便利性」必須優先於「氣密性」的考量。

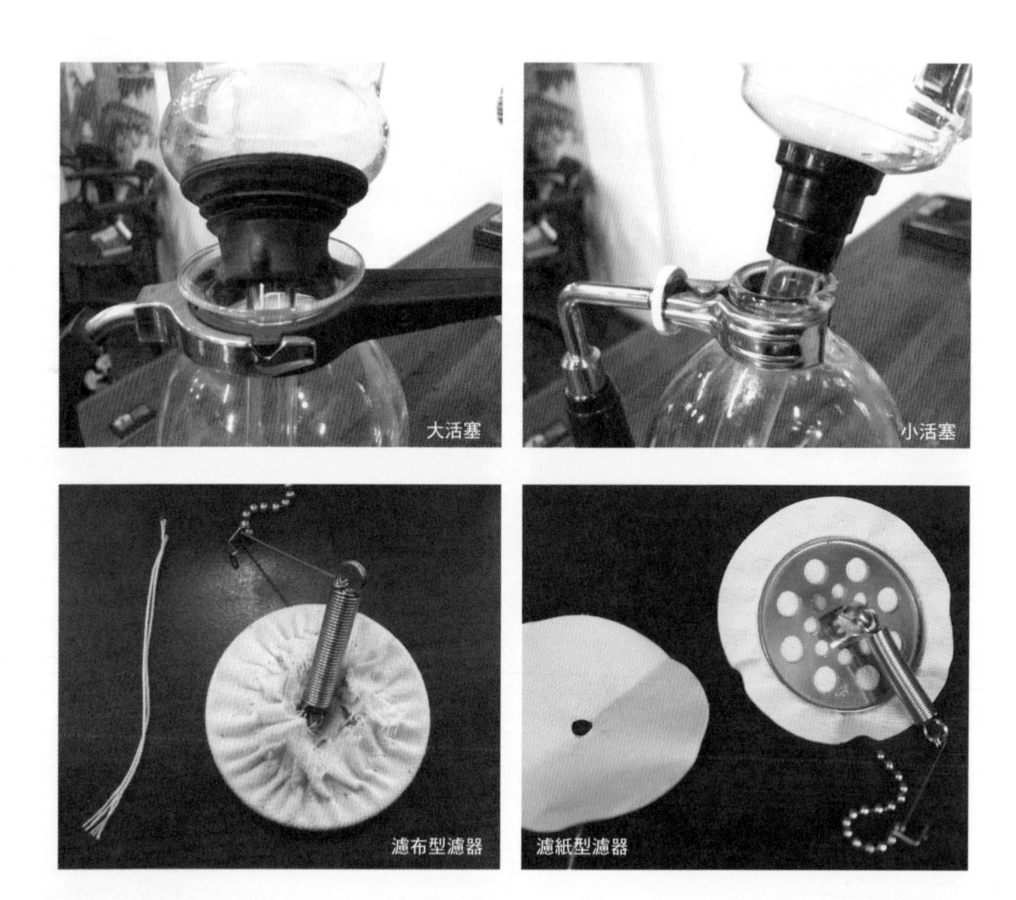
大活塞　小活塞
濾布型濾器　濾紙型濾器

「濾器」部分，要看使用的是濾紙式或是濾布式。使用濾紙的壺種，雖然在清理上有非常大的便利性，但通常會遇到幾個沖煮面的大問題，第一個就是無法避免大氣泡（請見下個小節說明）的產生，另一個則是會將過多「脂質」過濾掉，整體的醇厚度就變得稀薄許多。使用濾布的壺種則恰好相反，清理是一個令人較困擾的問題，不過它與上壺底部間的密閉性極佳，不易產生大氣泡，且濾布的孔縫比濾紙大，除了可有效濾除咖啡渣之外，還可保留大多數的脂質、蛋白質等醇厚感的主要組成物質。

還有一種純粹以玻璃製成的虹吸管濾器，據說可以保留更多芳香脂質的成分，煮出來的醇厚感更棒，但這種濾器只適用於幾款高價的壺種，且容易受細粉堵塞而無法使用，售價約台幣5,000～6,500元之間，其中較有名的品牌就是Cona牌的虹吸壺。

上座濾布位置VS.大氣泡

入門沖煮者最常忽略的一個地方，就是沒有考慮到大氣泡的影響。大氣泡裡面包著大量的高溫水蒸汽，通常是因為濾布位置與上座底部不密合，在濾布的周圍某一側會產生較大的空隙，水蒸汽會由阻力最低的空隙竄出，這個空隙便成了大氣泡的出口。

大氣泡通常會集中在一個或兩個位置，視濾布偏移程度而定。在沖煮時若有這些大氣泡，某一個位置的咖啡粉層就會持續受高溫蒸汽翻攪、萃取，易煮出焦、苦味，及平時煮太久才會出現的雜澀感。

調整濾布的位置只需要用到攪拌棒就可完成，前後左右挪一挪，找到一個不會有大氣泡冒出的位置就可以了。這個調整的動作最好在放入咖啡粉之前就做好，下粉後顏色變暗了較不容易調整，一旦放了粉，就必須將所有的沖煮動作連貫做好，不宜中斷。

攪拌手法VS.攪散粉層的效率

「攪拌」的動作在虹吸式煮法中是最難掌握的一環，但也是最需要完全掌握的項目。在入門篇時，筆者已將攪拌動作區分為三次，接下來我們就來看看這三回合的攪拌各有什麼意義：

1.下粉的第一次攪散

最重要的一回合，攪散的速度越快，就能讓咖啡粉接近同時開始釋放內部成分，入門篇訂下的目標5秒內攪散，是一項非常具有指標性的分界點，超過5秒才攪散的粉，釋放時間已差異太大，會讓整體醇厚感、風味強度變弱。第一次攪散的手法也會影響攪散的速度，以下是幾種常見的攪拌方式：

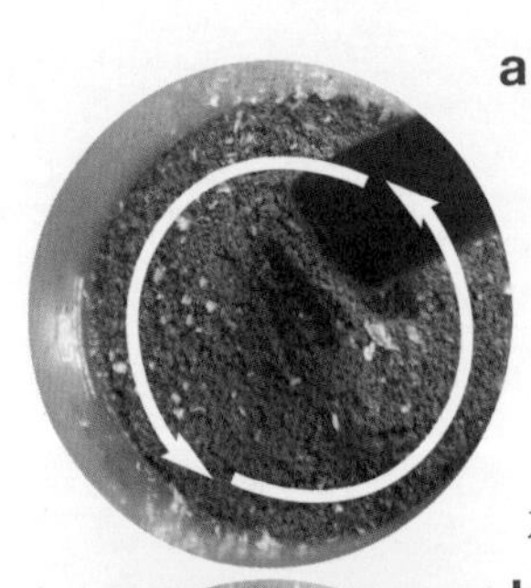

a.繞圈法：在許多情況下，繞圈法是最快可以攪散粉狀物的方法；但是咖啡粉在烘焙後7天內沖煮，都是在排氣狀態（Degassing），咖啡粉一碰到水，內部二氧化碳氣體與水結合形成氣泡層，用繞圈法攪拌的話，最底層的氣泡層會阻礙上層咖啡粉接觸到熱水，加上缺少了由上往下壓的力道，使得上層的粉一直維持在上層，下層的一直待在下層，至少要繞個20秒才會讓所有的粉都沾濕。不建議使用。

b.十字攪拌法：由上往下俯視，分成兩個方向攪拌，由側面看帶有往下壓的力道，可以讓上、下層的咖啡粉都充份沾濕，攪散速度比繞圈法快了許多，處理Full City烘焙度以下的咖啡粉，可以達到3秒內攪散的效果，如果是Full City烘焙度以上的咖啡粉，大致會在5秒左右。大多數人一開始練習會抓不住變換攪拌方向的時機，因而沒能達到5秒內攪散的目標。重複攪拌法數次，以達到攪散目的。

c.W型或心電圖型攪拌法：由上往下俯視，攪拌方向呈現心電圖的上下波動形狀，由側面看亦帶有往下壓的力道，攪散速度與十字攪拌法接近，只是手勢不用變換，一棒到底。但處理Full City烘焙度以上的咖啡粉，攪散時就需特別注意，拿捏好下粉與開始攪拌的時間點，在咖啡粉尚未產生氣泡層之前，盡速將所有的粉攪散、沾濕。重複攪拌數次，以達到攪散目的。

2.咖啡粉氣泡層膨脹時的第二次攪拌

僅次於第一次攪拌的重要性，第二次攪拌是為了將膨脹起來的氣泡層打散，防止逐漸擴大的粉層產生上下過大的溫差，經實測，膨脹的粉層頂層1公分處的溫度約只有83℃，中層約3公分處為88℃～89℃，底部靠近熱水處則為90℃～92℃，此外，氣泡層會阻絕中、上層咖啡粉與水接觸的機會，造成只集中萃取下層咖啡粉的現象，必須經由攪拌來破壞氣泡層的結構，才能讓不同位置的咖啡粉都有接近均等的釋放效率。這一回合的攪拌也必須做到5秒內全部攪散。

3.第三次的檢驗式攪拌

可有可無，純粹為了檢驗看看咖啡粉煮出了幾成風味。咖啡粉釋放完一定比例的內部成分後就會沉入底部，但是由於咖啡粉並不能同時浸到水、釋放內部成分，有的會先沉，有的會後沉，做了第三次的檢驗式攪拌之後，觀察看看浮在液面表層的粉剩多少？假使前兩次關鍵性的攪拌沒有做到5秒內攪散的目標，那麼第三次攪拌完後浮在表層的粉層厚度就會較厚，有可能還剩下原先的6成浮著，表示這6成的內部成分釋放得還不夠多，此時萃取時間已接近計時法的尾聲，卻只煮出了4成咖啡粉的風味成分，要不要再繼續煮呢？

a. 繼續煮：要思考一下已經沉下去的4成咖啡粉，它們內部「令人愉悅的風味成分」幾乎已經釋放完畢了，如果再煮下去，會不會釋出太多「令人不愉悅的風味成分」？再煮多久就一定要關火停止萃取呢？這是選擇繼續煮下去的人應該好好思考的幾個問題。

▲剩6成咖啡粉浮在表層。

▲剩3成咖啡粉浮在表層。

b. 直接關火停止萃取：接受前兩回攪拌失敗的現實，煮出的就是4成咖啡粉釋出的風味成分，一定是偏淡、風味強度較弱的一杯咖啡。較理想的狀態是讓6成以上咖啡粉都沉下去，才能煮出一杯濃度、風味強度適當的咖啡。要改善這個風味貧乏的缺點，除了勤練前兩回合的攪拌動作，別無他法。

手持攪拌棒的位置VS.攪拌棒下探深度

練習十字攪拌法或是W型攪拌法數次後，可能還無法掌握「下壓力道」這個要素，原因就在攪拌棒下探的深度不夠。下探不夠深的原因除了自己出手溫柔過頭了，就是手持攪拌棒的位置不恰當。

調整好手持的位置後，就要掌握下探的深度與力道。攪拌的訣竅不在於力量大小，而在於「施力方向」是否得宜，確實抓住施力位置時，不需要使用粗暴的蠻力，也能達成5秒內攪散的目標。

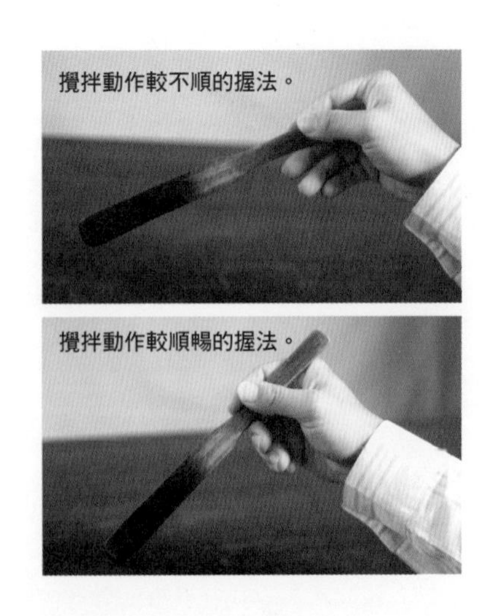

攪拌動作較不順的握法。

攪拌動作較順暢的握法。

1.十字攪拌法分解示範

a. 放粉前，手持攪拌棒在上座杯口附近待命。

b. 一下粉，攪拌棒立刻由左至右（或由右至左）來回下壓兩、三次，下壓的深度必須超過上座深度的2／3位置，才會產生足夠的翻攪力道將上層咖啡粉帶下浸濕。重複數次至攪散為主，攪拌動作盡量要快。

c. 第一下攪拌一定不能將所有的粉都均勻浸到水，所以換個方向（由後至前／由前至後）再下壓兩、三次，深度也要超過上座深度的2／3位置，才能迅速讓所有的粉都沾濕。

d. 這兩個交叉方向的攪拌動作中間，時間間隔越短越好，重點在於能夠順暢的銜接兩次攪拌的動作，才能達到5秒內的目標。

2.W型／心電圖型攪拌法分解示範

a. 前置準備與十字攪拌法相同。

b. 以攪拌棒畫W型／心電圖型，有下壓→上提→下壓→上提……的頻率，可以不斷帶動乾的咖啡粉，與下方熱水接觸沾濕。重複數次至攪散為主，攪拌動作盡量要快。

十字攪拌法　皆以下壓力道下棒攪拌。

W／心電圖型攪拌法
不論俯瞰或是由側面觀察施力方向，皆為“W”的形狀。

更深入研究：強調香氣的煮法

克服了動作問題之後，你會嘗試沖煮更多來自不同國家的單品咖啡豆（Single-origin coffees），越來越熟悉與其相對應的產區風味特徵（Origin／Varietal characteristics），你會發現有些單品咖啡會有特別濃郁撲鼻的香氣表現，有些則中規中矩，也有一些不以香氣、反以口味複雜度見長。假如我們都使用同樣的沖煮標準（1分鐘計時法＋三回合攪拌＋W型攪拌法）來煮不同風味特徵的豆子，當然是可以的，只是針對「香氣型」的咖啡豆，這麼做可能只會煮出它應有香氣強度的6成，這樣就有點可惜了！

組成「香氣」的成分，特性都是極易揮發的，有些價格特別昂貴的豆子（如夏威夷-可那咖啡、牙買加一藍山咖啡等），它們之所以珍貴，就是在於其不可多得的特殊香氣，但很不幸地這類香氣只要稍不注意，就消散殆盡。為了讓各位對的起已經掏出去的錢，筆者特別在此提供香氣型咖啡豆的特殊煮法給大家參考。

香氣可分為「乾香」（Fragrance）與「濕香」（Aroma）兩類，兩者在烘焙過的咖啡豆中，份量是固定的，會隨著時間而逐漸流失。前者是咖啡豆磨成粉時、常溫狀態下即開始揮發的成分；後者是沖煮時就開始揮發的，煮得越久揮發掉越多。除了時間問題，還要注意不要有過多、過激的攪拌，攪拌回合數越多，香氣脫離粉層散出的機會就越多，所以最後會留下的香氣成分就變少了。

如果是「醇厚、低沉型」以及「層次變化多」的豆子，並不需特別強調香氣的表現時，可以維持原來的攪拌方式及頻率，自己斟酌增減總萃取時間，以「不煮出焦苦味」為前提。

你可以在附錄A「主要精品咖啡豆產國、風味特徵及分級制度一覽」中稍微認識來自不同國家、不同產區的咖啡豆特徵。以下針對「香氣型」咖啡豆做一次示範，讓各位讀者都能概略領會其中要點。

沖煮目標：

1. 使用City+程度的咖啡豆32克。

2. 下壺裝入2杯份的水。

3. 水升至上座後將溫度調整至91℃左右。

4. 計時1分鐘。

研磨建議：請參考第132頁的圖解建議。

沖煮流程：

1. 下壺裝2杯份的水。

2. 將濾器確實勾住上座玻璃管底部。

3. 確實將上、下壺外部水珠拭乾。

4. 上座斜插至下壺，開火。

5. 水沸騰，將上座扶正。

6. 水開始上升，此時才準備磨豆。

7. 咖啡豆磨成粉。

8. 水完全上升，倒入咖啡粉。開始計時。

9. 以攪拌棒充分攪拌，5秒內完全攪散。

（以上步驟完全與入門篇相同，步驟圖請參閱入門篇）

10. 第25秒時，完全不攪拌。

11. 第55秒時關火，進行第二次攪拌。

12. 以濕抹布包住下壺頸部，快速將上座咖啡液拉下。

13. 沖煮完成。

後記：「強調香氣」的煮法必然會犧牲掉部分的醇厚度以及整體風味強度，原因是要保留最多的香氣，在揮發殆盡之前就必須趕緊停止加熱了。所以品嚐時，嗅覺的感受會特別強烈，但味覺則會較平淡些。這個煮法並不適合初學者，需要配合豐富的品嚐及沖煮經驗，對咖啡豆有充分的認識，才能開始練習這種「有取捨」的煮法，如果一開始學煮就使用這種煮法，會造成觀念上的混淆，在此特別聲明。

第六章

Espresso 發展現況

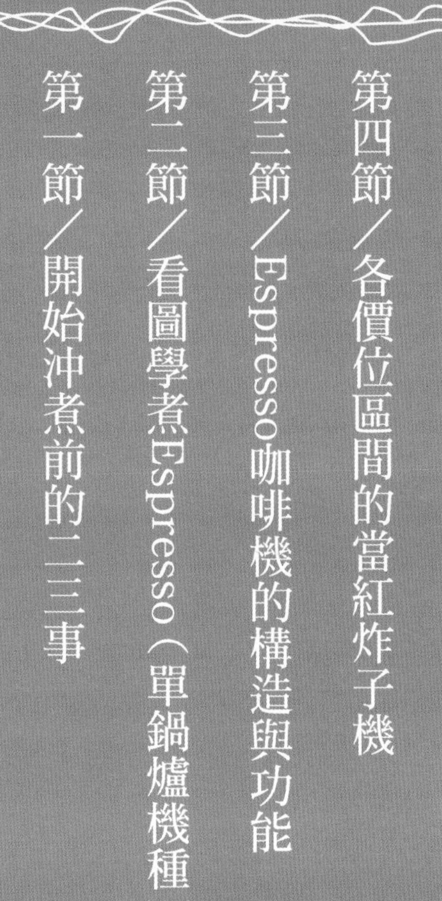

第四節／各價位區間的當紅炸子機

第三節／Espresso咖啡機的構造與功能

第二節／看圖學煮Espresso（單鍋爐機種）

第一節／開始沖煮前的二三事

第一節 開始沖煮前的二三事

什麼是Espresso？

Espresso這個字的解釋有許多層面的含義，無法一言以蔽，首先必須由它的發源地義大利賦予的定義看起。歸納Andrea Illy在其著作《*Espresso: Science of Quality*》中提到Espresso的定義：（p.15~19,1.6“The Quality of Espresso Coffee”～1.7“ Definition of Espresso”）

1.廣義定義

一個50毫升容量的厚瓷杯，裡面裝著半滿的、表面有厚厚一層赭紅色Crema的深色咖啡飲品，有最強烈的香氣及滋味，它是早上起來的精神提振劑、午間放鬆悠閒的良伴、更是超時工作時不可或缺的戰友。

2.字面定義

Espresso即英文的「Express」，照字面看來是快速的意思，在這指的是「在特定的沖煮條件下，隨點隨煮，煮完盡快享用完畢」，因此這個快速，並不是講沖煮的速度，而是講享用的速度，你必須在Crema消散之前，將整杯Espresso喝完，以免冷卻後酸味及鹹味凸顯，錯失享受整體均衡感的時機。「新鮮度」（Freshness）在Espresso沖煮中是先決條件，不論是咖啡豆的烘焙，或是使用的咖啡粉研磨時機而言，缺少了新鮮度，就不算是Espresso。

3.沖煮方式定義

簡單地說就是「加壓式萃取」。較早期是直接使用蒸汽造成的壓力（但是蒸汽有兩大缺陷：壓力不夠高，且會產生過高的萃取溫度），接著是使用拉桿式的手動增壓（最大可達10 Bars），最後才衍生出以電動幫浦取代手動增壓的機種。

加壓萃取是一種非常獨特的萃取方式，以加壓過的定量熱水，推向一層由咖啡顆粒組成的咖啡餅上，水藉著壓力滲透了這層咖啡顆粒，同時帶出顆粒中的水溶性及脂溶性物質，製作出非常濃縮風味的一杯咖啡，這是其他萃取方式無法做到的，其表面那層不透光的、會消散的泡沫，是非常細小的乳化脂質構成，口腔接觸到這泡沫時就會感到一種特殊的、如奶油般滑順質感，就稱為「醇厚感」(Body)。細小脂質中包含著許多種類的易揮發性芳香成分，在其他萃取法中會由於與水過度接觸而消散，因此Espresso在口中豐富的餘味才能夠如此繞樑不絕數分鐘之久。

不過，所謂的「加壓熱水」可不是直接將加壓水流直接施力在咖啡餅上，必須先通過蓮蓬頭式的灑水裝置，將水柱平均分散後才可以，否則將會沖破咖啡餅，形成失敗的萃取。

所以Espresso沖煮必須使用加壓但分散的水柱，穿透經過適當填壓的咖啡餅，水壓的能量直接對咖啡顆粒產生滲透作用，帶出內含可溶性物質。

4.數值化的沖煮條件：以萃取1盎司（約25毫升）為基準

a. 適當研磨的咖啡粉：6.5 g ± 0.5 g

b. 萃取水溫：90℃ ± 5℃

c. 輸入水壓：9 Bar ± 2 Bar

d. 萃取時間：30 秒 ± 5 秒

不同的國家，對於Espresso的認知多少都會有點差異，就如同美國認知的單份Espresso（5／4盎司）與義大利的單份Espresso（1盎司）就有明顯的劑量差異。同樣的，在其他地區，也會衍生出其他對Espresso的延伸詮釋方法，有追隨傳統義大利式Espresso精神的信徒，也有勇於探索新味覺世界的創新者。前者存在的價值就是一種輕鬆、隨興的生活態度，後者則是讓Espresso的美味得以與世界更親近的重要功臣，兩者任缺其一，Espresso都有可能因此沒落。

怎樣是一杯好的Espresso？

不論是在哪個國家、哪個城市，一杯好的Espresso都會有以下特徵：

1. **外觀：**飽滿、不易消散的赭紅色Crema。
2. **口感：**在口腔中的觸感滑順綿密，不能稀如清水，但也不能過於黏膩。
3. **味道：**各種味道的層次銜接順暢，入口瞬間雖然強烈，但仍能清楚感受前、中、後三個階段的味道變化。香氣在口中爆發，餘味強勁舒適，甘甜的感覺可以持續至少10分鐘以上，不應該有焦味或貼舌的苦味，是和諧、具均衡感的。

一杯好的Espresso，必須在幾個前提之下才有可能出現：

1. 使用適合Espresso沖煮方式、新鮮烘焙兩週以內的咖啡豆沖煮。
2. 穩定的萃取壓力及水溫。
3. 研磨均勻度高的磨豆機。
4. 熟練的填壓技巧。

接下來針對這幾個前提一一介紹，讓你對Espresso的煮法有更深入的了解。

用什麼咖啡豆煮Espresso？

義大利Espresso的重要觀念之一，就是使用「混合豆」（Blending Coffees）來沖煮。

使用混合豆的觀念，由兩種主要原因造成

1.降低風味差異

是因為咖啡豆屬於農產品，每年都會因為氣候、雨量等等因素而在味道上有差異，如果只使用一款單品豆沖煮Espresso，那麼每一年，甚至每一季的味道就會喝得出明顯差異；使用4種以上的單品豆調配混合豆，這種味道差異的風險就減低了許多。義大利著名的illy咖啡豆就是混合豆的代表性品牌豆，其紅罐混合豆配方，經過分析，裡面至少使用了6～8種以上不同的單品豆，加上了該公司一貫穩定的烘焙方式，因此有辦法長期維持讓混合豆的風味差異低到幾乎無法察覺。在商業用途中，這項因素是影響味道穩定性的關鍵。

2.增加風味協調性

調配Espresso用的咖啡豆必須大部分是風味較平順、不刺激的咖啡豆，因此在義大利當地調配的配方豆選用素

材裡，較少見到最高價的精品咖啡豆，大多是各產國裡出口等級第二或第三級的類別，這些咖啡豆的共同特徵就是「價格不高，具有產地風味特徵但味道不會太過突出，具有不錯的甜味、很低的酸味，外觀整齊、乾淨」。使用多個產區的咖啡豆調配混合豆，可以補足單一種咖啡豆風味上的不全之處，因此調配Espresso配方可以說是另一種藝術，調配者依照心中預想的那種風味畫面，選擇負責前、中、後三段不同風味特性的咖啡豆，經過烘焙再將之結合起來，而且還得做出不突兀的味道表現，所以在歐美有一些仔細的Espresso調配者，都必須是同時精通咖啡豆特性、烘焙、品嚐的人，才能將這些調配的要件整合得恰到好處；如果說Espresso用的配方咖啡豆是優美協調的協奏曲，那麼高價的精品咖啡豆就是強調個人技術的「獨奏曲」；但是兩者並不互相抵觸，在Espresso配方中也可以加入少量的高價精品豆，為這個配方增添獨特的香氣與個性，這種做法首先在美國的精品咖啡業中出現，近年來更有標榜以「比賽競標豆」(Internet Auction Coffees) 調配特級Espresso配方的業者出現＊，使用100%的各國比賽得獎咖啡豆，是十足的奢華配方。比賽豆取得不易＊，更違論要讓多國的比賽豆都集結在同一個業者手上。

＊ 美國的Intelligentsia Coffee & Tea Inc.〔http:// http://www.intelligentsiacoffee.com/〕將比賽豆拿來調配成奢華的Espresso配方。另外還有14種常備的Espresso配方用豆。

＊ 比賽豆的系統最初只有COE（Cup of Excellence，http://www.cupofexcellence.org/）一個單位舉行，目的是為了提升日益降低的咖啡豆水準，而採行的品質提升獎勵計畫。獲評選入圍的咖啡豆，經由網路公開的競標機制拍賣給來自全世界的賣家，最終以每磅出價最高者得標，通常單價會比市面未評比的商業等級咖啡豆高出至少三倍，前三名優勝豆身價更可達到10～20倍之多，因此直接促進了咖啡農莊的良性競爭。下標者必須有能力負擔至少10袋（約1320磅重）的標金，並且有能力消化掉單一品項10袋的量。現在，中美洲的瓜地馬拉、哥斯大黎加、巴拿馬，以及非洲的東非咖啡協會、衣索比亞等，也都開始舉辦各自的杯測賽，舉辦比賽是品質提升的一項指標。

但並不是單品豆就不能夠煮Espresso，只要烘焙得宜，使用高等級的單品豆，也可以做出令人驚豔的Espresso。筆者曾試過的單品Espresso裡，最令人印象深刻的就是2000年夏威夷Kona區杯測大賽冠軍的The Other Farm Kona、2002年非洲西方的聖海倫那島咖啡、2004～07年的巴拿馬杯測大賽連續四年冠軍莊園Jaramillo Esmeralda的Gesha品種咖啡豆，以及肯亞AA／AB中處理水準較好的數款莊園豆。這些咖啡豆的香氣表現都很具特色，但整體的風味結構非常均衡，甜度表現優異，因此做成單品Espresso也不會顯得過於突兀、不協調。

至於要上哪兒購買適合的Espresso用豆呢？請參考附錄C「咖啡器材與咖啡豆購買指南」，在該節中會向各位推薦一些各地較具代表性的幾間自家烘焙咖啡館，但不代表你只能向這些咖啡館買豆子，筆者建議初學者可以花多點時間到處喝喝不同烘焙咖啡館的Espresso，體會一下各家店的味道表現走向，找到符合自己口味的Espresso配方，之後再買回去試煮。不過在店裡喝到的味道，拿回家裡煮不見得會有相同的表現，如果你在煮的過程中發現這個情形，先別懷疑店家拿不同的配方給你，應該要先回頭看看自己的沖煮技巧是否做得紮實，之後還需要注意沖煮機器的等級問題，陽春型的家用機器，除非經過一番修改讓沖煮效能提升，否則很難煮出與咖啡館用的營業機甚至是功能更強大的專業機種一樣的品質。

機器的等級問題，是當你對Espresso充滿熱忱，或是將來希望成為一個專業的咖啡館吧台人員，在完全熟悉沖煮要點之後，先實際操作兩、三個月，將填壓手法練得非常穩定，再嘗試升級一台更多功能、穩定性更高的咖啡機。Espresso沖煮像一個無底洞，時時都會有更具突破性的創新發現，如果沒有先將基本觀念及操作等基礎打好，很容易陷入進階課題的迷思之中，所以筆者強烈希望各位能夠好好打底，練好基本功，將來要思索進階方向時，才不會耗在疑惑上太多時間。

對於Espresso來說，新鮮度是一項基本的必要條件，大部分的進口Espresso用豆進口到國內，至少都已是烘焙過後一個月以上，除非有非常有效的保存對策（如Illy的加壓惰氣保存罐），否則很難煮出一杯像樣的Espresso。所以除了購買來自義大利、美國等地的配方豆之外，你可以就近在週遭一些優秀的自家烘焙咖啡館購買，當然，也許國內自家烘焙咖啡館的烘焙技術、配方調配技術不一定比國外強，但是仍不斷地在向上提升整體素質，加上網際網路的發達，讓國內外資訊流通更少障礙，因此舉凡使用的咖啡生豆水準、烘焙觀念、技術交流，都逐漸迎頭趕上國外的水準，如果想要煮出一杯滿滿Crema、帶有飽滿香氣的Espresso，那麼你真的可以從這些國內自家烘焙咖啡館的Espresso用豆開始嘗試。

沖煮壓力該多大？

如前所述，Andrea Illy將Espresso沖煮壓力值的條件設定在9 Bar±2 Bar，是有其原因的。過低的壓力，較難萃出咖啡粉裡的風味成分，因此煮出的Espresso整體表現會較柔軟，但也相對較平淡、無爆發力；過高的壓力，則容易因為衝力過大，破壞了阻抗的咖啡餅，造成通道效應（Channeling），水就從某一個破裂點傾洩而出，形成破裂點附近的集中萃取，實際被萃出味道的咖啡顆粒很少，因此口感稀薄，但是因為是集中萃取那些顆粒，所以也喝得出萃取過久的苦味、澀感。

坊間也有一些純粹使用蒸汽推力沖煮的機種，這類機種的壓力來源是水加熱後產生的蒸汽，最大只能達到3Bar左右，顯然是不足以應付沖煮Espresso的需求。此外，由於是使用蒸汽提供壓力，而蒸汽的溫度動輒超過100℃，容易燙壞咖啡粉，萃出過多的焦味與苦味。由此兩點看來，蒸汽式咖啡機真的不算是個理想的沖煮器材。

煮Espresso的豆子該磨多細？

這個問題沒有一個絕對的答案，但是針對初學Espresso的你而言，想要快速掌握煮好一杯Espresso的訣竅，就必須借重「固定沖煮變因」的系統化操作方式。這種操作方式並不合乎傳統的義大利Espresso精神與原意，但是你可以透過這種方式，很輕易地重複煮出味道相近的Espresso。暫行沖煮目標如下：

1. **使用雙份濾器（2-Cup Filter Basket），每次皆裝上固定重量的咖啡粉（假設固定使用16克的粉，烘焙越深的咖啡豆，重量就越輕）。**
2. **萃取30cc的Espresso，從壓下沖煮開關開始計時，到流完30cc（含crema厚度），流速必須介於25～30秒之間。**

當你拿到了一個完全沒煮過的Espresso配方豆，要先調整到磨豆機廠商建議的Espresso研磨刻度最粗的位置（以900N磨豆機為例，最粗適用Espresso的刻度是2.3），先以穩定的填壓方式（稍後再介紹如何訓練填壓動作）將咖啡粉填好，放上沖煮頭進行正常的沖煮程序。如果流速介於20～30秒之間，那麼這個研磨細度對你來說是剛剛好的，再反覆操作兩、三次，如果流速都是落在這個範圍中，那麼這個刻度就可以了，不需再調整。

但是若流速低於20秒，就代表研磨刻度太粗，顆粒與顆粒之間的空隙太大，水流快速由空隙之間通過，沒有足夠的時間滲入咖啡顆粒，便造成萃取不足，此時必須將刻度調細一些；若流速高於30秒，那麼顯然這個刻度太細了，經過填壓而造成的阻抗力過大，水流因此在咖啡餅面上停留時間過久，水的穿透速度緩慢，因此最後流出的Espresso容易會有焦苦味，此時刻度應調粗一些。

練習穩定的填壓

差異過大的填壓力道，會使得所有的參考依據完全無用武之地。

填壓其實並不是一個困難的技術，是可以經過反覆訓練的一種動作。填壓只有三個要領必須注意，剩下的就只是熟練度問題了。

1. 填壓前，必須讓濾器中的咖啡粉表面呈現沒有明顯空隙的樣子，使粉層的厚度盡量一致。

2. 使用合適尺寸的填壓器（Tamper／Packer），以垂直的角度將填壓器輕放入裝粉的濾器裡，手勢保持垂直地往下輕壓第一下，將濾器轉90度角，再輕壓第二下，再轉90度角，輕壓第三下，最後再轉一次90度角，平穩地旋轉下壓兩下，使粉餅表面更平滑些。下壓的力道不必刻意使盡吃奶的力氣，也不必太過小心翼翼地輕壓，使用你最順手的力道就可以了！

3. 如果填壓時角度有偏斜，那麼就會造成咖啡餅表面高低不齊，高的一邊填壓不密實，低的一邊填壓密實，沖煮時，水就會選擇不密實的位置穿透，造成萃取不均。

使用同一個研磨刻度，每次填壓練習之後，都要實際操作一次沖煮的流程，測試看看自己的填壓緊密度是否穩定。如果流速狀態上下波動太大，表示你的練習還不夠，要多多練習才是！

濾器裝粉表面平整 VS.不平整

填壓步驟圖

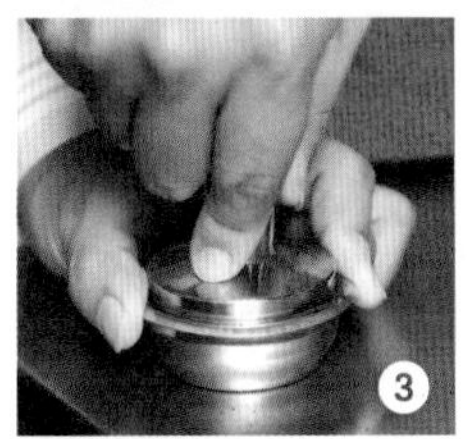

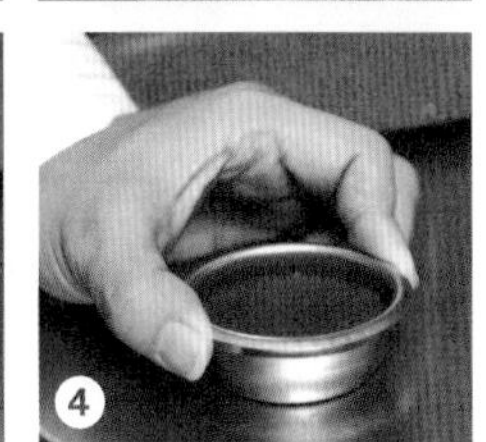

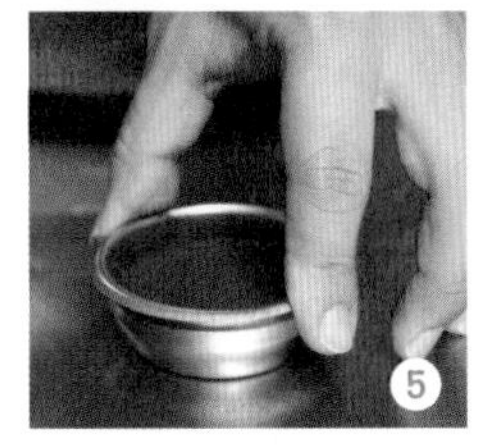

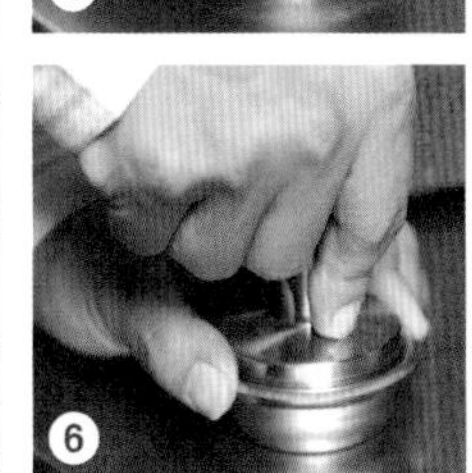

填壓偏斜 VS.平整的咖啡餅

第二節 看圖學煮Espresso

基本沖煮配備

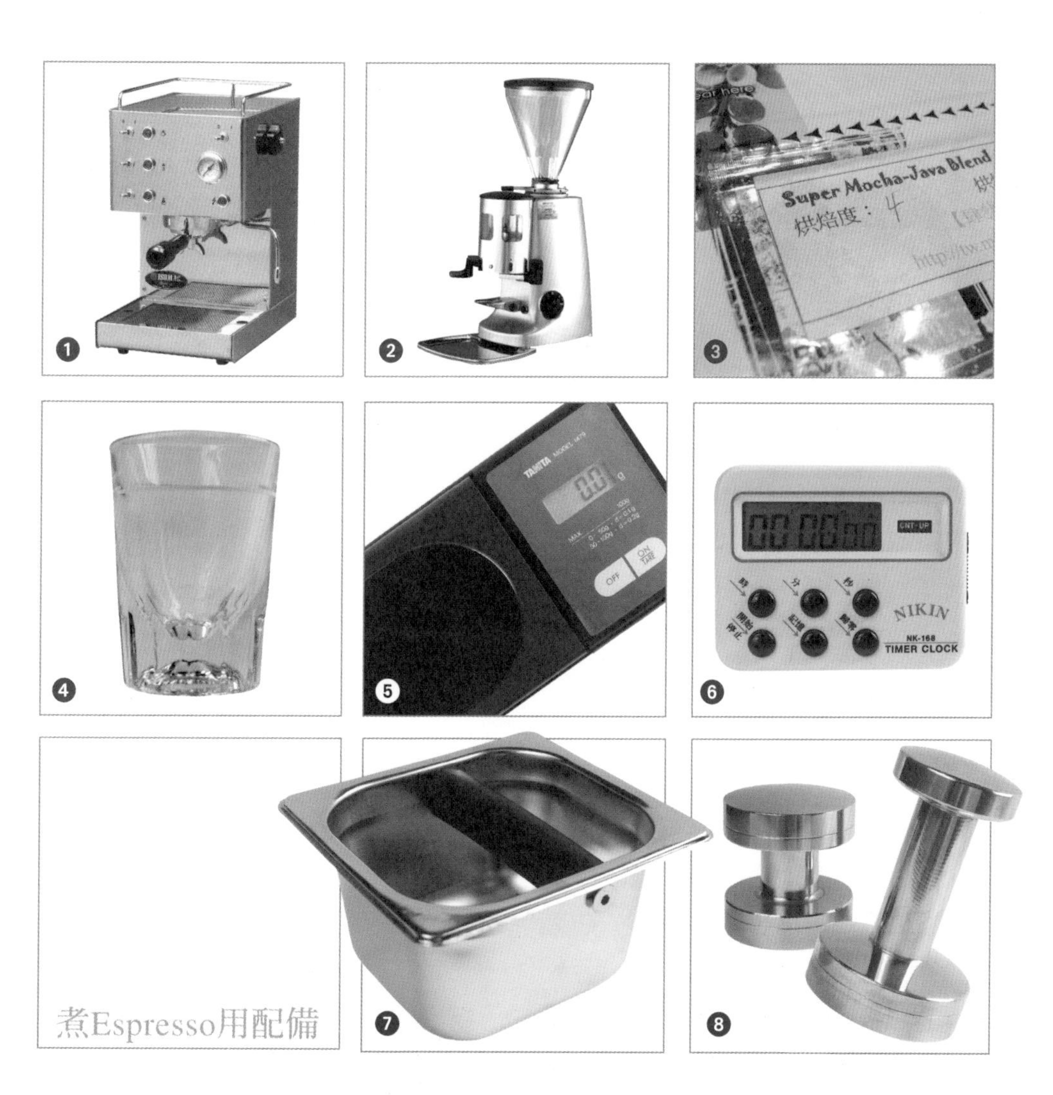

1.義式咖啡機一台（本書以陽春型的單鍋爐系統示範）。2.Rancilio Rocky以上等級的磨豆機（盡量選擇能夠無段微調的機種，以Mazzer Super Jolly示範）。3.Espresso用綜合咖啡豆配方。4.透明盎司量杯（有容量標線者佳）。5.微量電子秤（精準度到0.1克或更佳才算堪用）。6.計時器（碼表）。7.咖啡渣槽。8.壓粉器／填壓器（尺寸必須搭配咖啡機的濾器大小）。

製作奶泡用配備

1. 奶泡溫度計。
2. 橢圓形湯匙。
3. 500cc奶泡鋼杯（要是日後想玩拉花的技巧，盡量選擇尖嘴型的鋼杯）。
4. 卡布杯或是拿鐵杯。
5. 濕抹布。

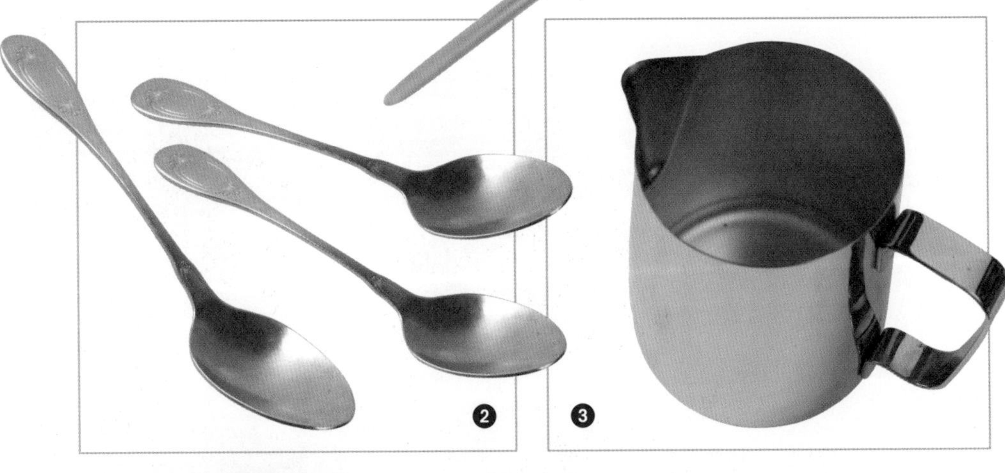

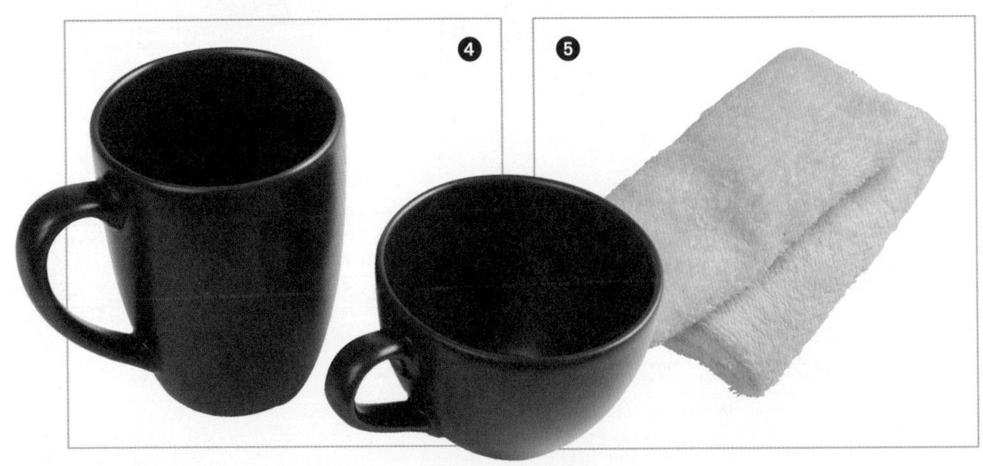

Espresso（基底）沖煮建議
單鍋爐式機種

一般入門者較不太可能接觸其他機種，一方面是入門者對於Espresso的熟悉度尚不足，需要多多練習基本操作，並學習品嚐的方法，有了鑑賞能力之後，才會知道如何分辨Espresso的好壞；另一方面，初學者大多預算有限，只能先購買價位最低的單鍋爐式機種，等到熟悉了操作以及有了更好的品嚐能力，在經濟許可的時候，才會考慮購買其他機種。不管是陽春、進階或是高階機種，操作方式大同小異，在此僅介紹陽春機種操作步驟。

水箱式機種主要功能結構介紹：

咖啡豆烘焙深度建議：Full City到Dark French之間。

使用豆量建議：建議使用雙份濾器操作，粉量從13～16克，依咖啡豆烘焙深淺調整使用粉量，同一種配方每次粉量盡量固定住，因此電子秤的精準度必定要優於0.1克，粉量造成的誤差才能有效降低。

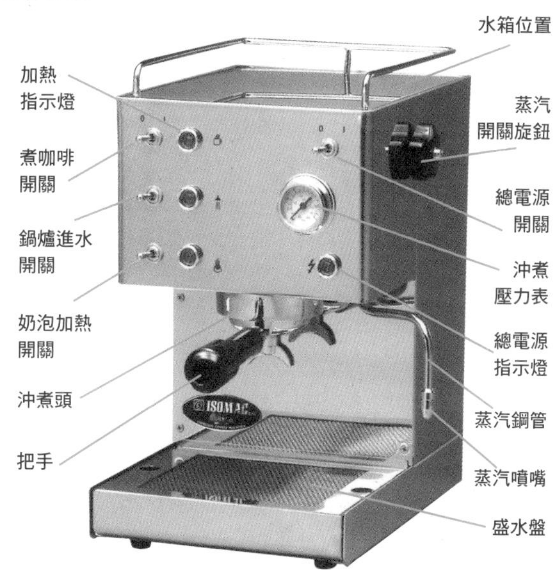

❶ Rocky刻度3～5。

❷ 901N刻度1.5～2.5。

❸ Super Jolly刻度標籤中心點前後各5小格範圍（即整張標籤的範圍）。

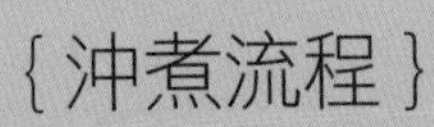

{沖煮流程}

使用Isomac Venus操作示範

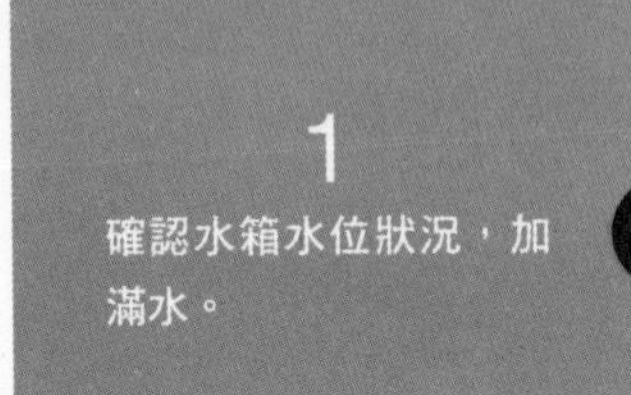

1

確認水箱水位狀況，加滿水。

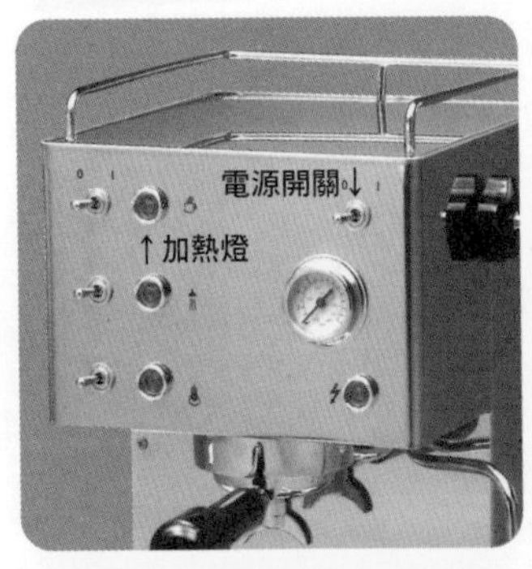

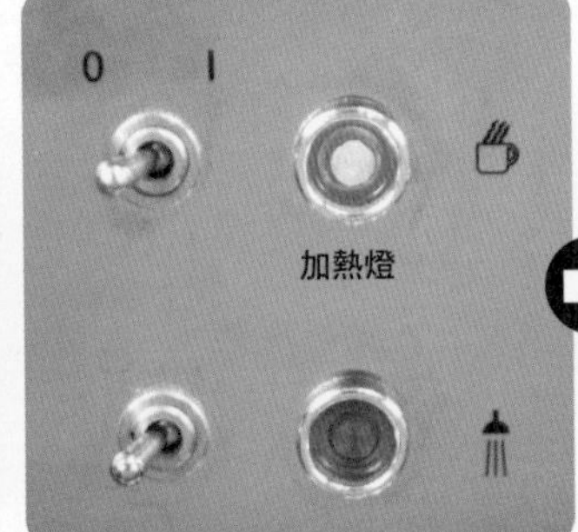

2

開啟電源開關，加熱燈亮起。

3

加熱燈第一次熄滅，將沖煮開關開啟，讓鍋爐的水先流出到加熱燈再亮起。

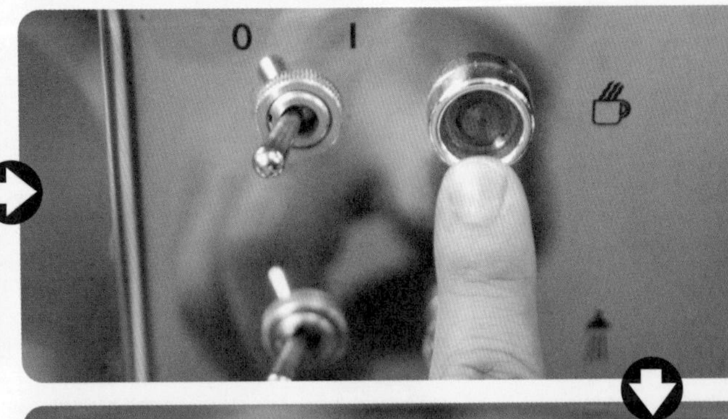

4
取適量咖啡豆研磨、在磨豆機分量器下方以濾器盛接磨好的咖啡粉。

5
將濾器中的粉撥平，使表面平滑無凹陷。

6
以填壓器垂直地向下填壓（參考前一節末填壓操作方式）。

7
將濾器邊緣上的殘粉撥除。

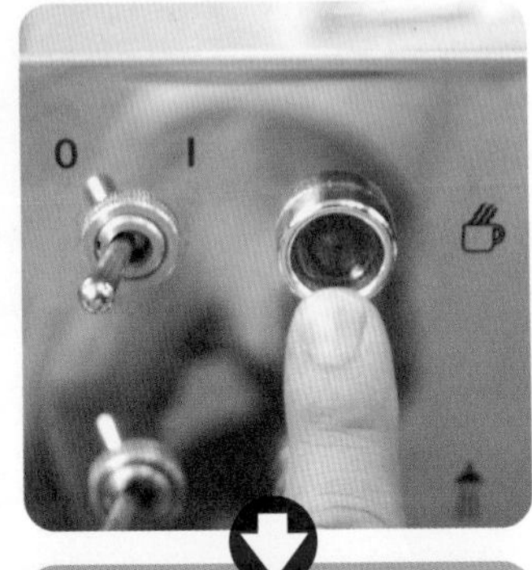

8
確認加熱燈剛熄滅，放一陣水約2秒。

9
濾器放入把手，並將把手確實鎖上沖煮頭。

10

啟動沖煮開關，進行沖煮，按下開關開始計時。

11

流滿30CC時，關閉沖煮開關，看總共花了多少時間（落在20～30秒之間的濃度普遍說來是較恰當的，若流速不正常，請參考第三章第四節「磨豆機的重要性」，適度調整磨豆機的刻度，再進行一次沖煮流程）。

製作奶泡

單鍋爐式機種

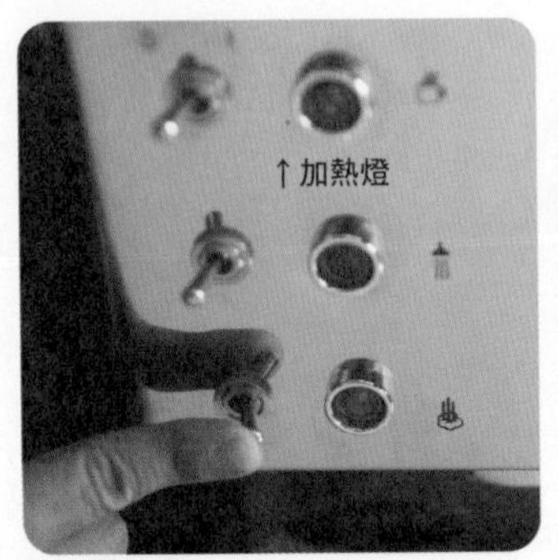

1

啟動打奶泡加熱開關，
加熱燈亮起。

2

將蒸汽鋼管旋鈕轉開，
讓前端液態水先噴完。

3

直到噴出的是蒸汽時，
再將旋鈕轉緊關閉。

4

將鮮奶倒入500cc的奶
泡鋼杯裡，倒至尖嘴最
下緣即可。

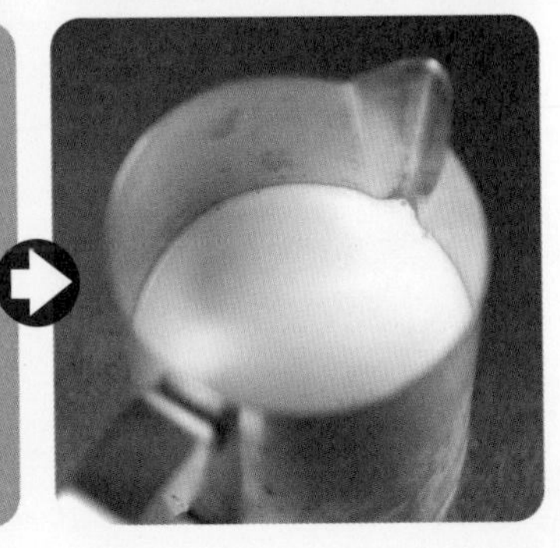

5
將奶泡溫度計插上奶泡鋼杯。

6
打奶泡加熱指示燈熄滅，先開一次旋鈕開關，測試蒸汽強度。

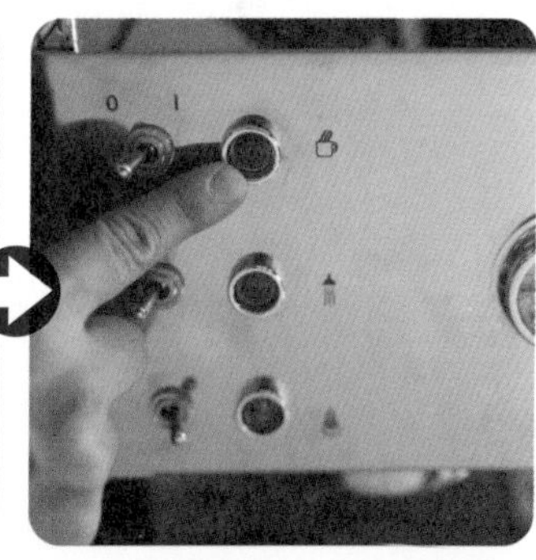

7
將蒸汽鋼管尖端伸入尖嘴右側，確認噴頭完全埋入牛奶液面底下。

8

右手以水平姿勢拿著奶泡鋼杯，左手轉開蒸汽旋鈕到最大。

9

鋼杯中的牛奶開始旋轉。維持水平，上下調整噴頭位置，讓噴頭能夠帶入一點空氣，才會有奶泡。

10

奶泡打至9分滿時，將噴頭位置伸到奶泡層內，繼續加熱。

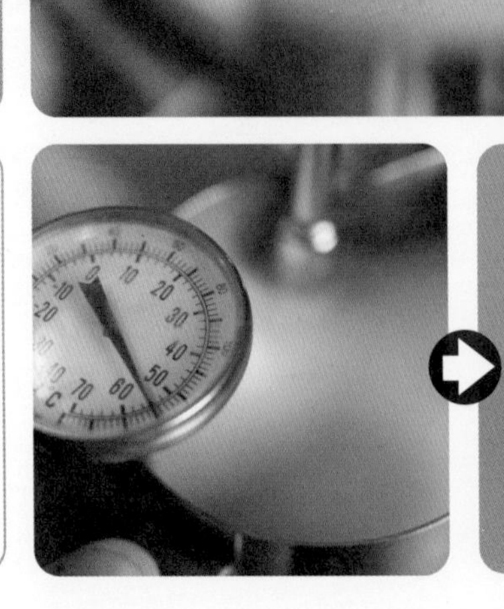

11

觀察奶泡溫度計，升至55℃左右時，先將蒸汽旋鈕關閉。

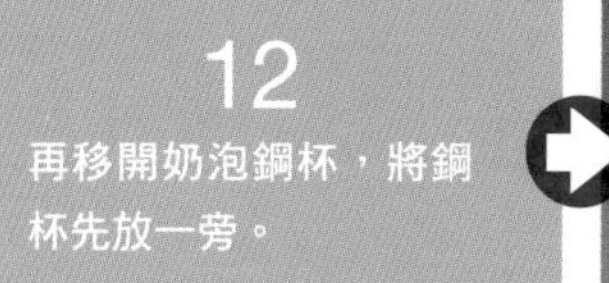

12

再移開奶泡鋼杯，將鋼杯先放一旁。

13

以乾淨的專用濕抹布確實擦拭蒸汽鋼管尖端，以免牛奶凝結在上面。

14

再放一下蒸汽。

15

回頭製作卡布其諾或是拿鐵咖啡。

製作卡布其諾的步驟

1
將基底Espresso先倒進卡布杯中。

2
把鋼杯上的溫度計拿下，以清水先沖洗，放置在一旁。

3
使用橢圓形湯匙將上層較粗的奶泡刮除，大約留下7分滿的牛奶及奶泡。

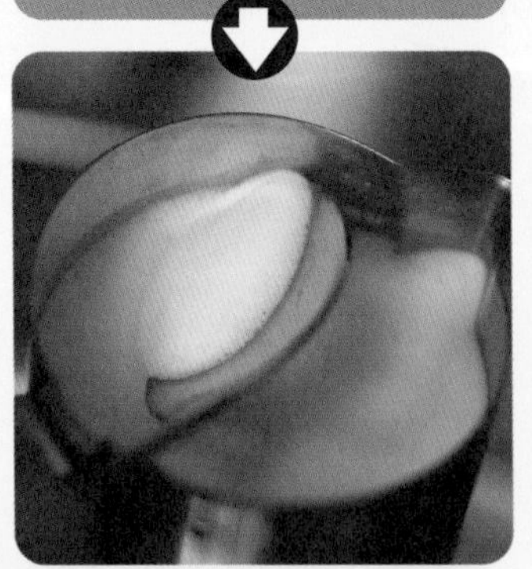

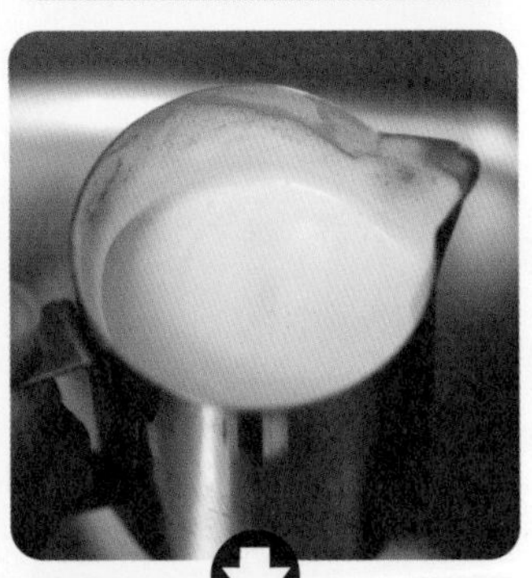

4
順時針搖晃奶泡鋼杯，讓奶泡與牛奶充份混和至表面光亮。

5
以湯匙抵住鋼杯尖嘴出口，先將熱牛奶倒入卡布杯中。

6
倒至離杯口約1公分。

07
用湯匙將表層的奶泡盛起，一匙一匙由中心點舀入卡布杯中。

08
舀到杯中表層呈現表面張力狀態即可。

製作
拿鐵咖啡

01
先煮另一份Espresso當基底，將基底倒入拿鐵杯中。

02
將做卡布其諾後剩下的熱牛奶及少許奶泡倒入杯中即完成。

Espresso咖啡機清潔步驟

具有沖煮洩壓閥結構的機種，都會需要在使用一陣子之後，做較完整的清潔保養，不管是陽春型的Espresso機，或是最高級的雙／多鍋爐營業機，如果沒有適時地將洩壓電磁閥及洩壓管路清潔妥當，那麼使用一段時間之後，機器就會開始出現異常，讓你無法正常沖煮。咖啡機也需要時常清潔保養，不能當做奴隸一般使用。每一回使用咖啡機煮出一杯Espresso，沖煮頭上會卡一些咖啡渣，洩壓管路中也會積一些逆吸回去的咖啡液，如果久未清潔，這些東西不但會影響之後沖煮的每一杯Espresso，讓味道走樣，不斷堆積的咖啡油垢還會造成機器故障。購買一台義式咖啡機時，一定要知道如何做清潔保養，並時常清理這些位置的積垢，才能確保每次沖煮的品質不受這個因素影響。

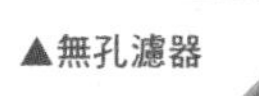

▲無孔濾器

▲咖啡機專用清潔粉

你或許會想：就用熱水沖一沖就好了吧。其實這是不夠的，在沖煮Espresso完、將沖煮開關關閉時，沖煮頭部位仍有部分直接與咖啡餅接觸的熱水，其中有些無法在沖煮時間內穿過濾器的熱水，就會帶著咖啡脂質及一些風味成分一起被回吸進洩壓管路，最後由洩壓電磁閥排除，這些成分長久下來會堆積在管路中，如果不清洗乾淨，最後可能會造成堵塞。若只使用熱水直接沖下，只能略為沖洗沖煮頭的位置，並無法直接通往洩壓管路，所以這時就必須借助「無孔濾器」（Blind Filter）來提供阻力，讓熱水無法穿透，自然地這些無處可去的熱水，再開關關閉的時候，就能經由洩壓管路排出。清潔咖啡機只使用熱水回沖是不夠的，必須配合咖啡機專用的清潔粉（一定要符合食品級的標準，才不會對人體產生危害），清潔粉與熱水作用後，可以溶解所有的有機污垢（包括附著性高的茶垢、咖啡油垢等），比起熱水有效率多了。請注意：選購清潔粉必須符合食品機械的標準，其次才要看它的清潔能力是否夠強。以下是清洗咖啡機的標準步驟，共分3大環節：

A.使用清潔粉清理管路中的咖啡垢

1. 將1公克左右的清潔粉倒入無孔濾器，放進把手。
2. 將把手放上沖煮頭鎖到底後，開啟沖煮開關，剛鎖上沖煮頭第1下計時10秒後關閉沖煮鍵，此時受阻的熱水就會經由沖煮頭被回吸至洩壓管路中排出，與熱水作用的清潔粉就能開始溶解管路中附著的咖啡粉及脂質成分。之後反覆開關沖煮鍵6～7次，每次皆啟動5秒即關閉，讓洩壓管路有足夠的時間與清潔劑接觸、溶解。
3. 拿下把手，將裡面的咖啡渣稍微沖掉。

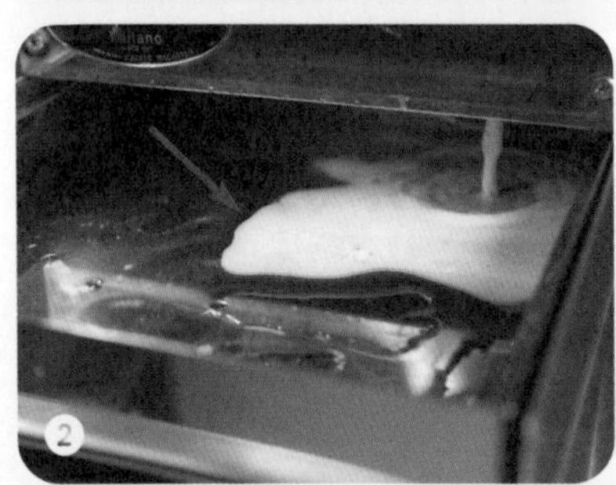

B.使用清水清理管路中殘留的清潔劑

1. 不必再添加清潔粉，把空的把手直接鎖回沖煮頭。
2. 開啟沖煮鍵，第1次開啟沖煮鍵計時10秒再關閉，讓熱水直接流入洩壓管路裡，沖洗管路中殘留的清潔劑。
3. 之後反覆開關沖煮鍵6～7次，每次皆啟動5秒即關閉，確實沖乾淨。
4. 拿下把手，若裡面還有咖啡渣，再以清水沖掉。

C.清理沖煮頭與把手接縫處的溝槽

1. 準備一條濕抹布在旁邊。

2. 把手中仍放上無孔濾器，放上沖煮頭但只鎖到一半的位置。

3. 開啟沖煮鍵，因為此時把手與沖煮頭不是密閉狀態，熱水會從旁邊的縫隙漏出，此時特別注意將把手保持水平，以免熱水順著把手流下造成燙傷。

4. 熱水從旁邊縫隙漏出時，就會沖出溝槽裡黏附的咖啡渣，將把手來回轉動數次，使整圈溝槽裡都能沖到熱水。

5. 重複同樣的動作2次，即完成全部的清潔步驟。

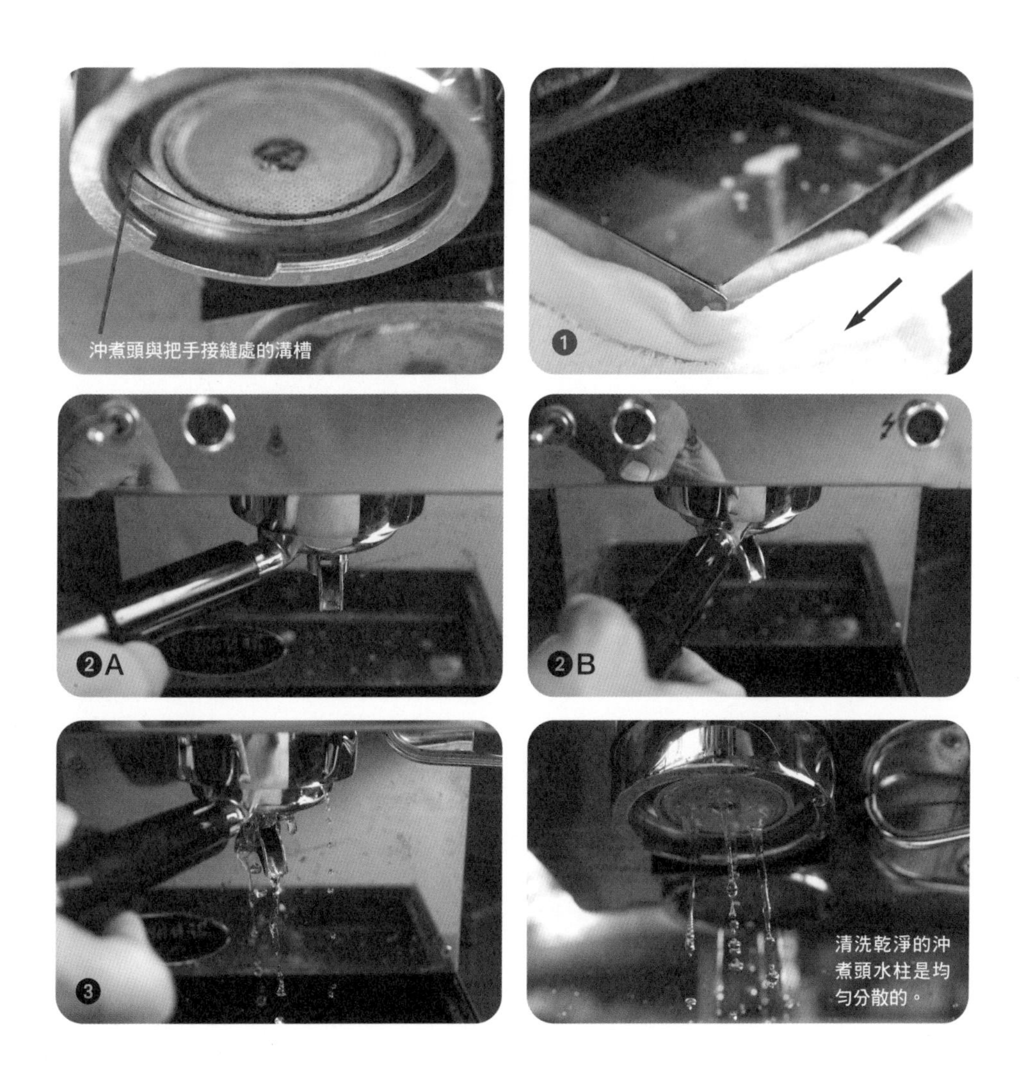

清洗乾淨的沖煮頭水柱是均勻分散的。

第三節 Espresso咖啡機的構造與功能

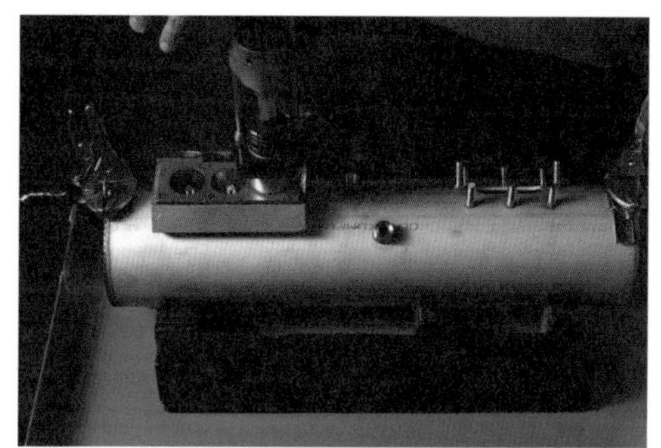

Espresso咖啡機的製作流程繁複，且大多數零組件都必須以手工打造、組裝，但打造出的機器又必須符合實際的沖煮需求，可以算是一種高科技產業。（本組圖片由La Marzocco原廠授權提供）

咖啡機應具備的基本結構

1. 洩壓構造

一台Espresso咖啡機，除了「能煮Espresso」之外，最重要的還要考量它的「安全性」，市面上四處可見一萬元以下的機器，都僅具備「沖煮」的功能，沒有加上「洩壓閥」之類的安全裝置，若使用時稍不留意，可能會被噴濺而出的熱水所傷。有洩壓閥構造的機種，目前在台灣可以買到的有Rancilio Silvia及Isomac Venus，價格在台幣20,000～25,000元之間，是目前最適宜作為入門家用幫浦機的選擇，當然，你也可以上國外網購其他功能更多的家用幫浦機，價位也會比前述兩台略高些。

【膜片震動式幫浦出力方式】

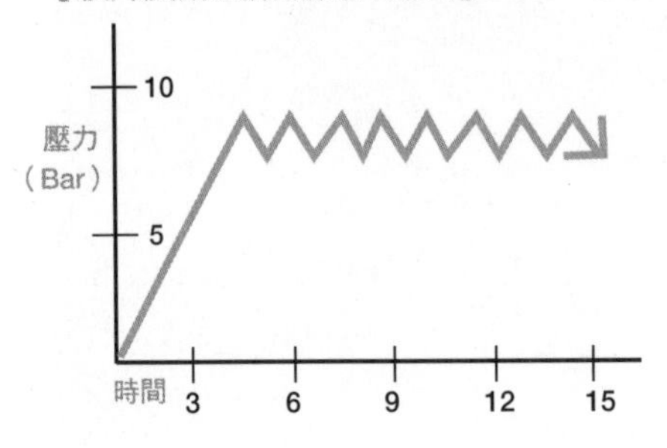

【迴轉式幫浦出力方式】

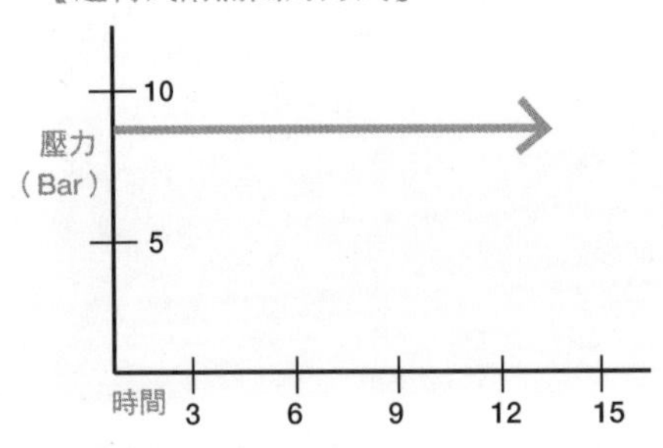

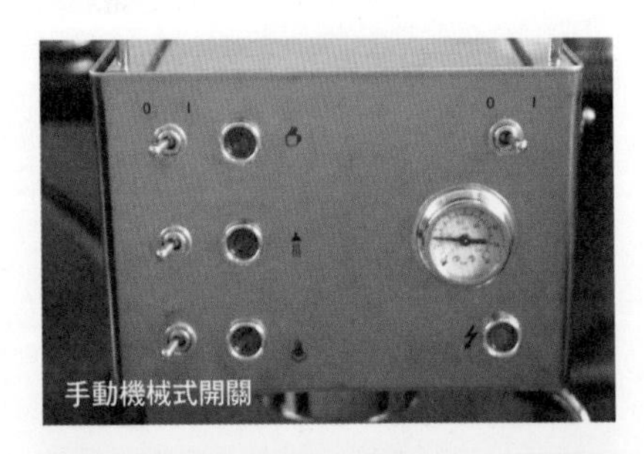
手動機械式開關

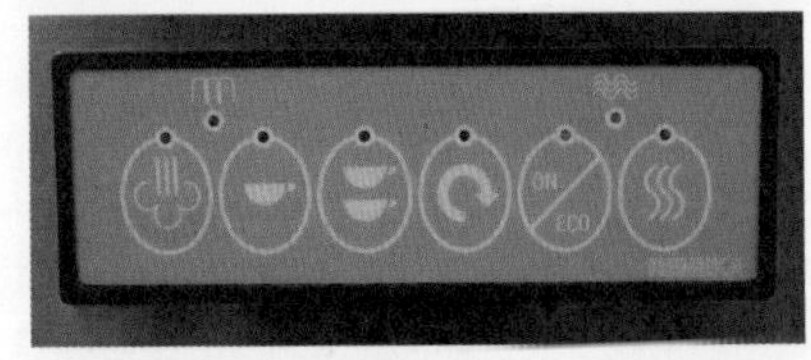

▲▼電子式流量設定開關

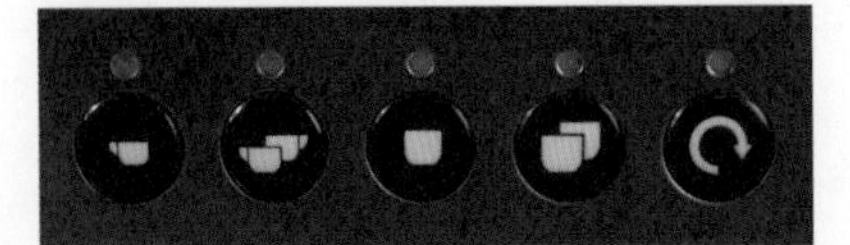

2.幫浦類型

分為「膜片震動加壓式幫浦」及「迴轉式幫浦」，前者不需另外連接進水、排水的管路，後者就必須安置在靠近家中進、排水口的位置；膜片震動加壓式幫浦是當熱水受到阻力後，才逐漸增加壓力到設定的出力值，超過設定值後再洩壓，因此推動熱水的力道並不是非常穩定，而迴轉式幫浦則是一啟動便直接輸出設定的壓力值，推動熱水的力道相對較穩定。兩者的壓力輸出方式略有不同，也因此會稍微影響到熱水輸出的流量、速度，所需配合的咖啡餅阻抗力也不同。

3.控制單元

即控制沖煮、熱水、蒸汽輸出的裝置，分為「手動式機械開關」及「電子式流量設定開關」，對應到家用機的幫浦使用種類上，手動式開關的機種幾乎都使用震動膜片式幫浦，電子式流量設定開關的機種則是使用迴轉式幫浦；手動式開關的優點是純機械性、故障率較低，缺點是沖煮間必須全程在機器旁操作；電子式流量設定開關優點是讓每一杯的流量固定，排除了一項沖煮變因，增加沖煮的便利性，缺點是電子零件較容易故障，且如果使用者操作太粗魯，則面板按鍵容易破損；操作陽春機種就像開手排車一樣，操作者要做的事比較多，但練出的基本功也較紮實。

進階機種分成兩類，一種是較特殊的沖煮頭E61型配上特殊的拉桿式機械開關，另一種就是我們一般熟知的沖煮頭設計，加上與陽春機種一樣的手動機械式開關；高階機種則換成觸控面板式，由一個程式化電子控

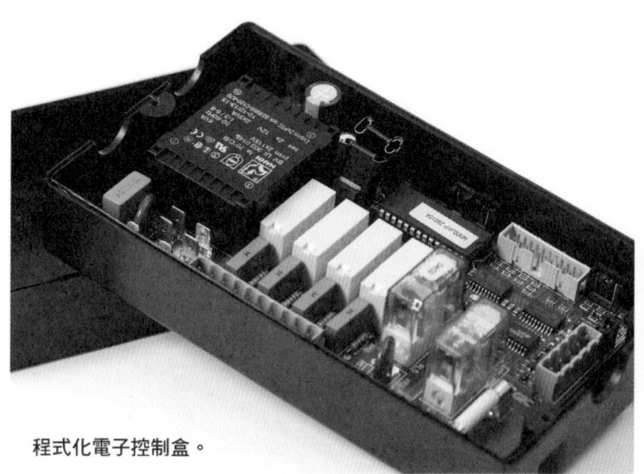
程式化電子控制盒。

E61式沖煮頭。

制盒來控制、記憶所有的設定，包括熱水流量、蒸汽開啟時間、熱水開啟時間，操作者可以享受自動化的便捷性，但精密的電子裝置有一定的使用壽命，時限到了就會出現故障，維修程序相對較複雜且昂貴。

4.鍋爐數量及大小

分為「單鍋爐式」、「熱交換鍋爐式」及「雙鍋爐式」。單鍋爐系統裡面是最低價的種類，鍋爐容量越小，沖煮時水溫的波動越劇烈，價位由20,000～25,000元不等；熱交換鍋爐系統的鍋爐構造分為外部的大鍋爐以及內部的小鍋爐，以大鍋爐的熱水維持小鍋爐內的水溫，若需要連續沖煮多杯咖啡，以熱交換鍋爐的能力最強，其外部的大鍋爐容量越大，連續沖煮能力越強，價位則由40,000～120,000元皆有；雙鍋爐系統是家用機種中最理想的鍋爐設計，一個專門負責煮咖啡的熱水供應（相對較低溫），另一個專門負責製造蒸汽及供應較高溫的熱水，兩個鍋爐各有所司，分開獨立溫控，是確保沖煮品質最理想的鍋爐配置方式，連續沖煮能力必須視煮咖啡鍋爐的容量大小而定，越大則連續沖煮能力越強，價位介於50,000～200,000元之間。

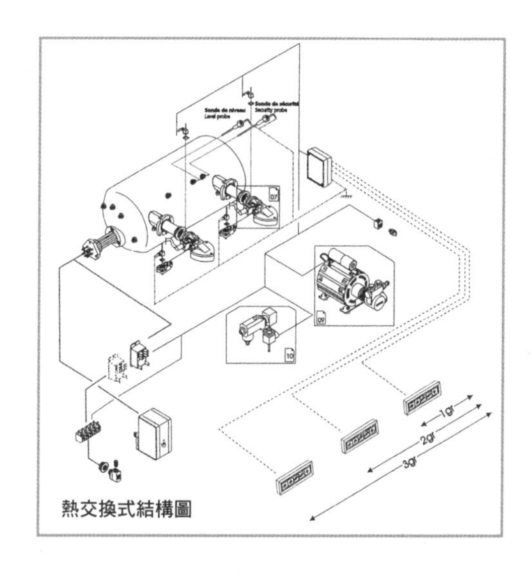

熱交換式結構圖

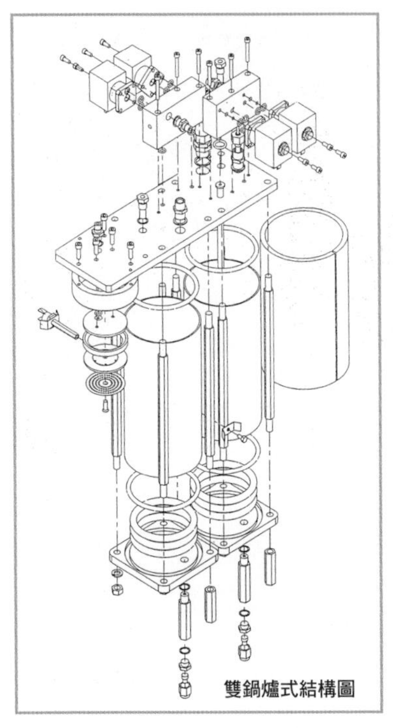

雙鍋爐式結構圖

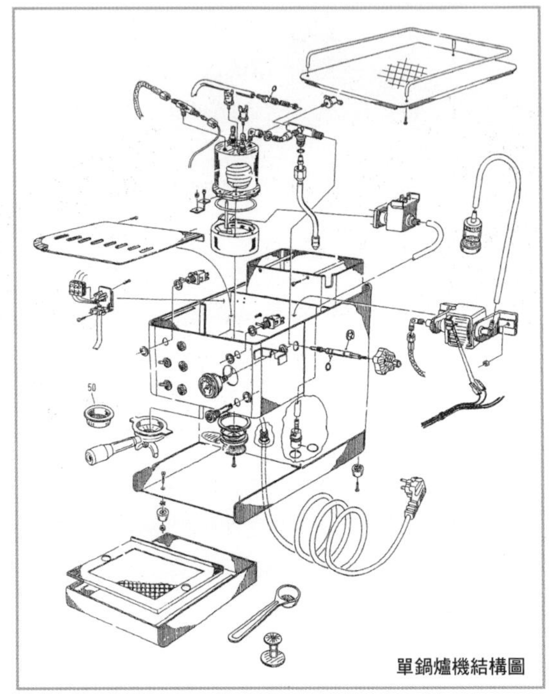

單鍋爐機結構圖

5.供水

包括總進水口的進水方式，以及水位偵測功能的有無。陽春型的機種使用的是內建水箱，且一般不會有水位偵測的功能，必須時常注意水位高低，適時補充；進階機種有的仍採用內建水箱的設計，也有的與高階機種一樣，必須安裝在進、排水口附近，大多數進階機種有配備水位偵測探針，低水量時就會預警。高階機種的供水裝置前端必須增設一組軟水、淨水器，防止內部加熱裝置因結鈣而失靈，有配備水位偵測探針。請注意：有水位偵測探針的機種，水質如果太軟，偵測功能可能會失靈，因此RO水並不適合這類機種使用。關於水質軟硬度，詳見第一章第三節的說明。

6.加熱

加熱的方式可以分為直接加熱與間接加熱，區別方式就是以加熱器的位置來判斷，加熱器若與沖煮用的熱水直接接觸，未經其他路徑就流向沖煮頭，即為「直接加熱」；若結構是大鍋爐（有加熱器）包著小鍋爐（無加熱器），讓外部溫度較高的熱水來加熱內部小鍋爐，就是「間接加熱」，亦稱為「熱交換器」（Heat Exchanger）。普遍說來，加熱器大多是合金材質，依機器的鍋爐容量大小而使用不同加熱功率的加熱器，陽春機種大多是

1000W～1200W之間，鍋爐越大，加熱功率可能會達到2000W～2400W左右。近年開始流行使用耐久度更高的不鏽鋼材質加熱器，在許多2005年上市的新機種中是一項新的標準配備。加熱器的啟動與關閉時機，有的機器是由鍋爐的壓力開關來控制（誤差範圍較大），有的則是以溫度感應器來控制，一個是低溫感應器，另一個是高溫感應器，水溫過低時，加熱器就啟動，水溫超過高溫設定值時，加熱器就關閉；溫度感應器依材質、控制方式及精確度而有不同的價格。

7.「預浸」（Pre-infusion）功能的有無

通常陽春機種不會有預浸的功能。預浸的作用，就是讓咖啡顆粒能夠先進行一段時間的「吸水期」，但不讓咖啡顆粒中的風味分份被帶出來，充滿了水分的咖啡顆粒，再以正常沖煮的壓力推出熱水，就可以幾乎同時讓各顆粒內的風味成分釋放出來，不同顆粒間的萃取率差異可以縮小。沒有預浸功能的機種，也不是無法煮出一杯好的Espresso，只是必須使用更多技巧，如裝填粉的均質度要更好、粉量可能要斟酌減少，讓萃取時間差異的影響更小。

8.熱水輸出

藉由幫浦的推力，將鍋爐中的熱水推向沖煮頭的位置輸出，中間還有幾道限制流量、逆流洩壓系統等，沖煮頭設計成蓮蓬頭的形式，是為了避免直接增壓的大水柱衝力過於集中在較窄的範圍內，直接沖散了濾器中的咖啡餅，蓮蓬頭分散的細小水柱提供較適當、均勻的力道，讓咖啡餅的萃取面能夠更完全。另外，熱水自離開鍋爐起，到從沖煮頭流出這

【直接加熱的鍋爐系統】

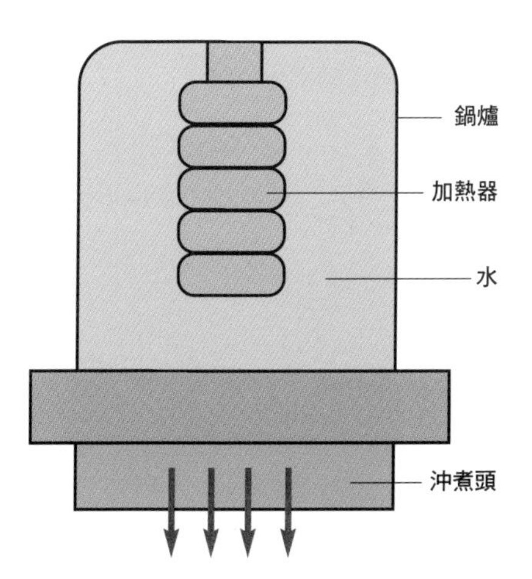

【間接加熱的鍋爐系統（熱交換式）】

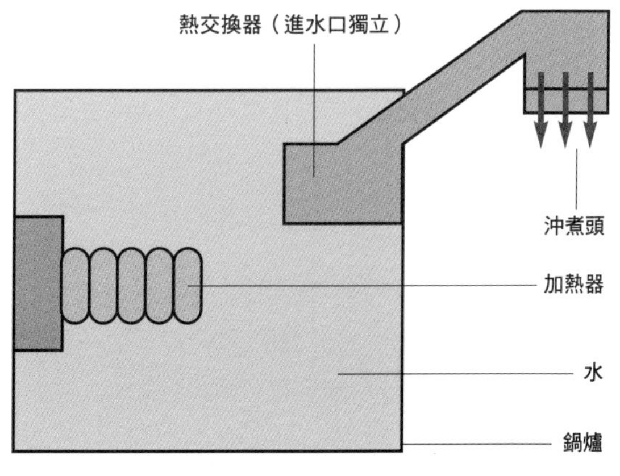

一段路徑，走的距離越長，失溫就越多，使得沖煮環境變得較不穩定，但開機時間半小時之後，失溫的情形可能會稍微趨緩；失溫的幅度必須靠精準的溫度計來測量，必須測量實際要沖煮的地方，對於日後的操作才有實質參考意義。陽春型機種在沖煮時，水溫會從適合沖煮的94℃，一路滑落到80℃甚至更低（此處指的是沖煮蓮蓬頭附近量測到的水溫值），這對於Espresso而言具有非常大的影響，風味畫面呈現度大打折扣。專業型機種對於沖煮間水溫變化幅度的控制較準確，原因就差在沖煮鍋爐容量大小、進水口與出水口相對位置、加熱間距等等問題。鍋爐越大，就不需要時常進水，常需要進水的小鍋爐機種，通常沖煮間溫差都過於劇烈，煮出的Espresso最不適合純飲；小鍋爐機器通常設計成「出多少水就補進多少水」，若小鍋爐加上進冷水入口，距離熱水出水口太近，就會影響到出水的水溫；加熱時間間隔與加熱器的啟動、關閉有直接的關聯，而加熱器是由兩個溫度感應器控制著，一個管啟動（溫度過低時），另一個管關閉（達到預設溫度時），啟動與關閉的溫度值差距越小，當然加熱就會越頻繁，溫度波動幅度也越低，但這樣做相對來說較耗電。沖煮間水溫差異越小，Espresso的風味清澈度就會提高，才喝得出更多的層次感。

▲均勻分散的水柱圖。

9.蒸汽輸出

蒸汽量越大，製作奶泡的速度越快。蒸汽強度與鍋爐容量有直接關係，鍋爐越大，可容納的蒸汽體積越大，累積的蒸汽壓力也越高，所以噴出蒸汽的力道強度越強，加熱效能也越高。

a. 陽春機種只有單一鍋爐，容量最大僅接近400cc，以加熱300cc

的牛奶到55℃為例，必須加熱1.5～2分鐘的時間。

b. 單孔熱交換型的機種，蒸汽量與外鍋爐容量有關，普遍都有1公升以上的容量，最大也有達到6公升的機種，加熱300cc的牛奶到55℃，只需要1分鐘甚至更短的時間。

c. 雙鍋爐機種的蒸汽則直接由一個獨立鍋爐提供，蒸汽鍋爐容量一般也都在1公升以上，加熱300cc牛奶的時間也大約是1分鐘。

d. 營業機種大多數是熱交換型的機器，大鍋爐容量由9～14公升不等，蒸汽量最強大，加熱300cc牛奶的時間只需要20秒左右。

▲蒸汽噴出特寫。

10. 水路管線

水路管線主要分為五段，冷水入口、沖煮熱水出口、一般熱水出口、蒸汽出口及逆流洩壓出口。水箱機種的冷水入口分成兩部分，其一是抽取水箱冷水的軟管，另一是將冷水直接導入鍋爐的管子，這部分必須使用耐熱的金屬管（銅管、不鏽鋼管等）。其它只要有耐熱度或保溫的需求，就會使用金屬管或耐熱的鐵弗龍軟管。使用迴轉式幫浦的機種，其進水端則是配備高壓管。

陽春機、進階機、高階機的品牌有數十種，每個品牌推出的產品線不一定三個等級的機器都有，此外，即使同樣是進階機，所搭載的進階配備也不見得都一樣，不同廠牌的進階機種必須在有限的

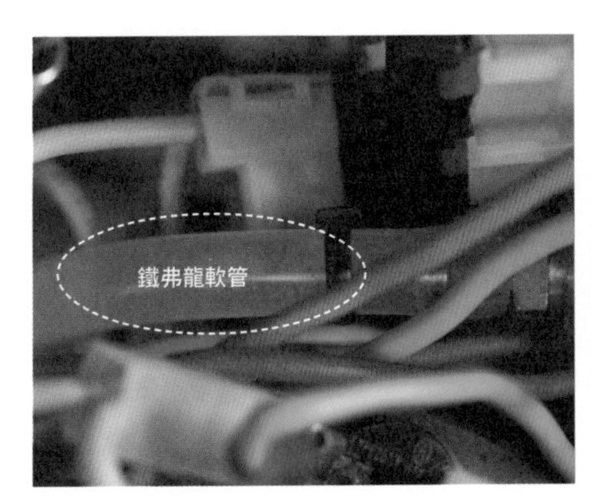

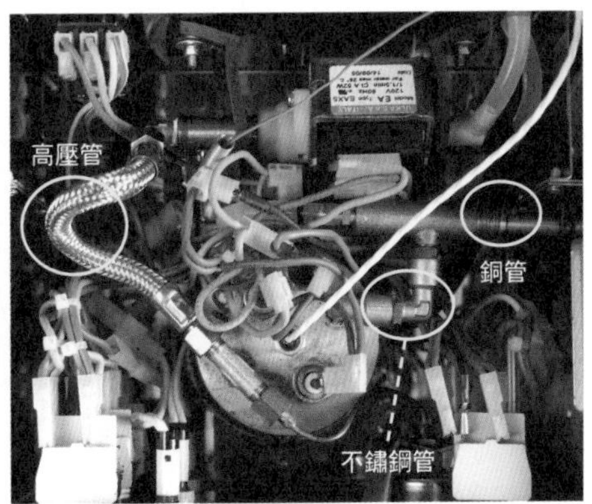

成本範圍內，挑選出各自想要補強的配備，並在專利權的夾縫中殺出一條屬於自我品牌的特色。所以當我們要購買一台適當的Espresso咖啡機前，應當先就自己設定的預算內，仔細挑選功能最適用的。挑選機器要確認的有以下幾個基本規格：

1. **鍋爐容量：**越大越好，可以減少沖煮溫差。
2. **沖煮頭把手直徑：**最通用的尺寸是58mm，另外不同的廠牌也有52mm、56mm、57.5mm的，互不通用。
3. **幫浦壓力：**提供適當的壓力值9Bar±2Bar，超過或不足的壓力，都可能導致萃取不良。
4. **滴水盤容量：**越大越方便。

再來才考慮附加功能的取捨，不同廠牌可能會設定不同的搭配目的。有的以「連續、快速供應」為訴求，有的主打「穩定萃取溫度」，有的內在平平無奇，以「外觀設計感」為訴求。如果初學者想直接購買高階機器，筆者建議先到國外著名的咖啡機評鑑網CoffeeGeek（http://www.coffeegeek.com/）探探情報，打聽一下你想購買的這家廠牌，有些廠牌的故障問題特別麻煩的，可能只有靠其他使用過的人分享，你才能知道，把該做的功課做好，避免日後麻煩一籮筐。

沖煮配備就像賽跑的起跑點一樣，買越高檔的機器就離終點越近，不過也要配合紮實的沖煮、保養觀念以及熟練的技術，才能真的跑到終點（煮出優良Espresso）。陽春機的使用者大多是經濟能力有限，或是喜歡DIY修改機器的族群，雖然起跑點離終點較遠，但是操作者若能仔細注意各項沖煮功能裝置的功能特性以及相互搭配情形，創造出接近「理想萃取狀態」* 的沖煮環境，就能明顯提升沖煮品質。簡易構造的機器有其極限，雖然這個極限所成就出的Espresso純飲表現並不是十分出色，但若發揮得到這個程度，你操作進階、高階的機種時才有可能煮出更高水準的純飲Espresso。

* 「理想萃取狀態」的重點就是穩定的「溫度」及「壓力」，在陽春機種上，這兩這都無法達到穩定的狀態，因此只能盡量地縮小萃取過程中的誤差值，也就是這個誤差值，區分出了陽春機種與進階、高階機種的屬性。

第四節 各價位區間的當紅炸子機

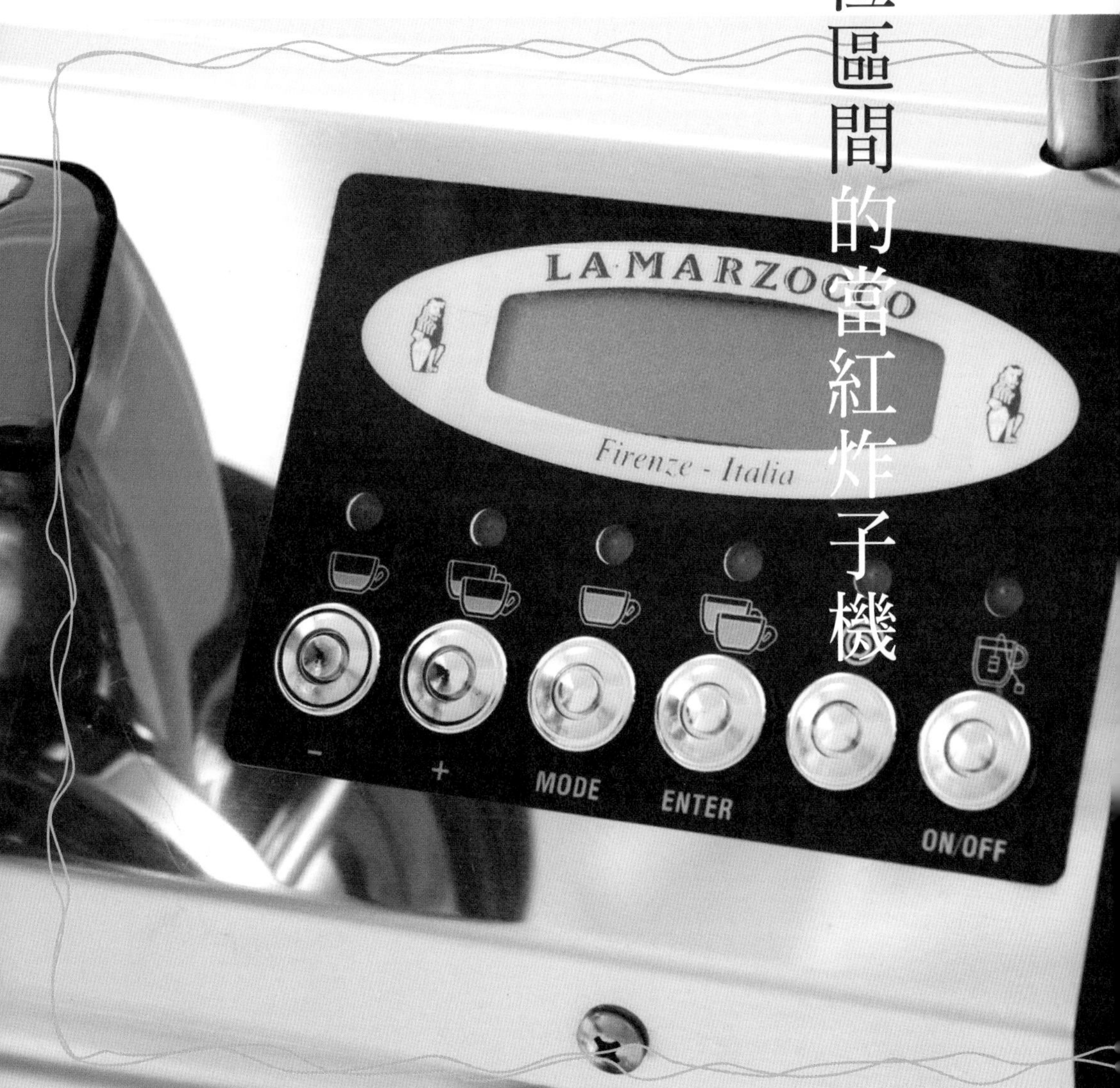

陽春機種

A. 台灣買的到的

1. **Rancilio Silvia**：售價在台幣19,500～22,000元之間，在家用義式咖啡機的市場上獨領風騷十多年，在各大咖啡書籍中都有介紹，是目前為止最多人在使用的陽春型咖啡機。在剛推出時，其300cc的單鍋爐容量是同級機種中最大的，不過時至今日，這個紀錄已經被超越了。

Rancilio Silvia規格表

高×寬×深 mm.	340×235×290
鍋爐容量 ml.	300
水箱容量 ml.	2500
電壓規格 V／Hz	120V／60Hz
加熱器功率 W	1100W
把手規格 mm.	58（不可放Triple濾器）
幫浦型式／最大輸出壓力	震動式幫浦／14 Bar
沖煮壓力錶	無
空機重量 kg.	14

2. **Isomac Venus**：售價在台幣25000上下，這台家用機目前在國外上市才邁入第三年，在台灣則是剛上市不久（2006年初），鍋爐比Silvia多了60cc，拆開機器比較後則發現鍋爐與沖煮頭是相連著的，對於保溫能力貢獻不少，而Silvia的鍋爐與沖煮頭是由一條導水管連接，途中可能也會失溫。

Isomac Venus規格表

高×寬×深 mm.	400×230×330
鍋爐容量 ml.	360
水箱容量 ml.	3000
電壓規格 V／Hz	115V／60Hz
加熱器功率 W	1200W
把手規格 mm.	58（可放Triple濾器）
幫浦型式／最大輸出壓力	震動式幫浦／14 Bar
沖煮壓力錶	有
空機重量 kg.	13

3. Presso：這款經英國設計師Patrick Hunt巧思而設計出的不插電Espresso沖煮器Presso，只需要由上方加入熱水，除了填壓之外，幾乎不需要什麼特殊的技巧，即可輕鬆煮出一杯有Crema的Espresso。據實際使用過這台小機器的朋友們指出，以美金150～200元這樣的價位來說，Presso能夠有那樣的沖煮品質已經是非常划算了。這台機器做出的Espresso拿來當花式咖啡的基底還綽綽有餘，如果不是追求更高品質的純飲Espresso，那這台小機器的便利性、安全性、美觀性，絕對可以讓你更輕鬆擁有製作咖啡、喝咖啡的悠閒感。詳見Presso官網（http://www.presso.co.uk/）

Presso規格表

高×寬×深 mm.	295×225×130	加熱器功率 W	無加熱器
鍋爐容量 ml.	0	把手規格 mm.	50.1
水箱容量 ml.	0	幫浦型式／最大輸出壓力	無幫浦，手拉槓桿式
電壓規格 V／Hz	免插電	沖煮壓力錶	無
		空機重量 kg.	1.6

B. 國外網購

1. Faema Faemart：

國外售價不明，詳見Mr. Cappuccino公司網站（http://www.mrcappuccino.com/）。

Faemart規格表

高×寬×深 mm.	330×330×260	加熱器功率 W	1300W
鍋爐容量 ml.	450	把手規格 mm.	58
水箱容量 ml.	2000	幫浦型式／最大輸出壓力	震動式幫浦／15Bar
電壓規格 V／Hz	110V／60Hz	沖煮壓力錶	有
		空機重量 kg.	10

2. ECM Botticelli II T：

國外售價不明，詳見ECM原廠網站〔http://www.ecm-espresso.it/〕。

ECM Botticelli II T規格表

高×寬×深 mm.	390×210×270	加熱器功率 W	1200W
鍋爐容量 ml.	400	把手規格 mm.	58
水箱容量 ml.	不明	幫浦型式／最大輸出壓力	震動式幫浦／15Bar
電壓規格 V／Hz	120V／60Hz	沖煮壓力錶	有
		空機重量 kg.	12

進階機種

A. 台灣買的到的

1. ECM Giotto Premium：售價約台幣57,000元上下，屬於E61型沖煮頭搭配熱交換式鍋爐及震動式幫浦的水箱型機種，E61沖煮頭整組使用重逾4公斤的黃銅打造，並具備機械拉桿式預浸的功能（Mechanical Piston Pre-infusion）。詳細規格如下：

ECM Giotto Premium規格表

高×寬×深 mm.	350×330×425
鍋爐容量 ml.	1800
水箱容量 ml.	2900
電壓規格 V／Hz	120V／60Hz
加熱器功率 W	1300W
把手規格 mm.	58
幫浦型式／最大輸出壓力	震動式幫浦／15 Bar
沖煮壓力錶	有
空機重量 kg.	21

2. Wega Mininova：在台售價未明，國外參考售價為美金1,400～1,600元，依版本不同而有價格差異。屬於E61沖煮頭搭配熱交換鍋爐的機種，可選擇震動式幫浦或迴轉式幫浦，以及手動機械式開關或是自動流量控制／觸控面板開關（國內有無選擇就不得而知）。詳細規格如下：

Wega Mininova規格表

高×寬×深 mm.	425×335×455
鍋爐容量 ml.	2000
水箱容量 ml.	1200
電壓規格 V／Hz	110V／230V／50-60Hz
加熱器功率 W	1300W
把手規格 mm.	58
幫浦型式／最大輸出壓力	震動式幫浦／迴轉式幫浦／15Bar
沖煮壓力錶	有
空機重量 kg.	20-25／23-28

3. Gaggia TS：售價約台幣55,000元上下，屬於標準式沖煮頭搭配熱交換鍋爐及震動式幫浦的水箱型機種，加上手動機械式開關，是可以輕量營業用的一款進階型機種。詳細規格如下：

Gaggia TS規格表

高×寬×深 mm.	470×310×510	加熱器功率 W	1500W
鍋爐容量 ml.	2300	把手規格 mm.	58
水箱容量 ml.	3000	幫浦型式／最大輸出壓力	震動式幫浦／15 Bar
電壓規格 V／Hz	220V／50-60Hz	沖煮壓力錶	有
		空機重量 kg.	25

4. Rancilio S24：目前已停產，屬於標準式沖煮頭搭配熱交換式鍋爐的機種，由於本機型的鍋爐在同級品中屬於較大的，因此非常受改機DIY一族的歡迎，在台灣的二手機市場仍然很搶手，各大咖啡討論區詢問二手機的訊息時有所見。S24的2001新機售價約為台幣50,000元。詳細規格如下：

Rancilio S24詳細規格

高×寬×深 mm.	455×510×380	加熱器功率 W	1500W/2000W
鍋爐容量 ml.	3900	把手規格 mm.	58
水箱容量 ml.	2500	幫浦型式／最大輸出壓力	震動式幫浦／18Bar
電壓規格 V／Hz	110V／220V／50-60Hz	沖煮壓力錶	有
		空機重量 kg.	35

B. 國外網購

在此僅介紹幾款目前在國外論壇討論篇幅較多的幾款機器，Espresso咖啡機的科技隨著時間不斷地前進著，各廠牌新款機器出現速度越來越快，也許當本書發行了一陣子之後，又會又更多落在這個價位範圍的好機器面市，讓我們一起期待吧。

1. Pasquini Livia 90：標準式沖煮頭搭配熱交換式鍋爐的水箱機種。國外售價約為美金1,350～1,500元之間，依手動、自動觸控面板的版本不同而有價差。

Pasquini Livia 90規格表

高×寬×深 mm.	320×295×380	加熱器功率 W	1200W
鍋爐容量 ml.	1500	把手規格 mm.	57（可替換58 mm濾器）
水箱容量 ml.	3500（水箱機種）	幫浦型式／最大輸出壓力	震動式幫浦／15Bar
電壓規格 V／Hz	120V／60Hz	沖煮壓力錶	有
		空機重量 kg.	18

2. **Quickmill Andreja Premium／Vetrano**：屬於E61式沖煮頭搭配熱交換式鍋爐的機種，依據許多國外玩家、專業人員的經驗而設計，配備蒸汽鋼管防燙手以及其他便利維修的設計，國外售價約美金1,400元左右。另有一新款的Vetrano，所有配備與前者同，唯一不同的則是搭載穩定性更高的迴轉式幫浦，售價相同。

Quickmill Andreja Premium規格表

高×寬×深 mm.	400×292×445
鍋爐容量 ml.	1600
水箱容量 ml.	3000
電壓規格 V／Hz	110V／60Hz
加熱器功率 W	1400W
把手規格 mm.	58
幫浦型式／最大輸出壓力	震動式幫浦／15Bar
沖煮壓力錶	有
空機重量 kg.	21

3. **Expobar Office Control/Lever**：Control機種為類似E61沖煮頭，Lever機種則是傳統的E61沖煮頭，兩者皆搭配熱交換式鍋爐及水箱。國外售價是同級機種中最實惠的，約美金950～1,000元之間。

Expobar Office Control／Lever規格表

高×寬×深 mm.	Control：390×240×420 Lever：380×265×445
鍋爐容量 ml.	1700
水箱容量 ml.	2000
電壓規格 V／Hz	120V／60Hz
加熱器功率 W	1500W
把手規格 mm.	58
幫浦型式／最大輸出壓力	震動式幫浦／15Bar
沖煮壓力錶	有
空機重量 kg.	Control：16.5 Lever：24.5

高階機種

A. 台灣買的到的

1. **La Spaziale Vivaldi S1**：售價約台幣75,000元上下。標準式沖煮頭搭配雙鍋爐的機種，採用壓力較穩定的迴轉式幫浦，有自動進水的功能，但排水並不是外接式的，必須自行倒掉集水盤中的水。煮咖啡鍋爐容量較小僅450cc，蒸汽鍋爐較大2500cc，電子式溫控，可獨立控制兩個鍋爐的溫度值，微調範圍為1℃。所有功能在觸控式面板上即可完成設定。另外特別要注意的是，這台機器的把手與濾器是特殊尺寸52.5 mm，如果你原先使用的是58mm商用規格的填壓器，那麼在這台就不適用。使用者多為輕量營業型或是家用。 ＊2007年已推出新款機種，在台售價約100,000元上下。

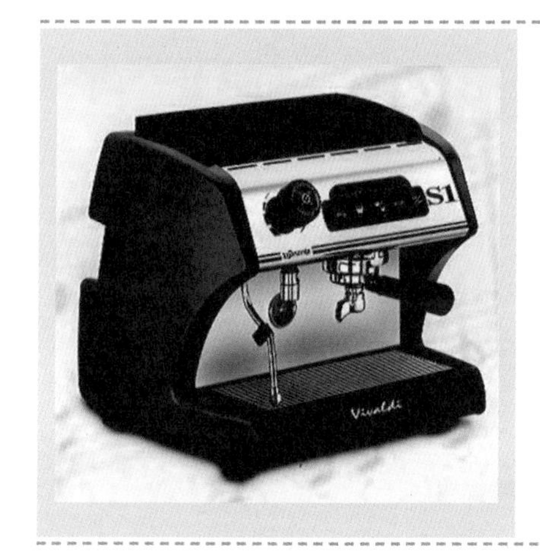

La Spaziale Vivaldi S1規格表

高×寬×深 mm.	385×420×420
鍋爐容量 ml.	煮咖啡鍋爐：450 蒸汽／熱水鍋爐：2500
水箱容量 ml.	自動進水 + 集水盤
電壓規格 V／Hz	110V／220V／60Hz
加熱器功率 W	煮咖啡鍋爐：800W 蒸汽／熱水鍋爐：1250W
把手規格 mm.	52.5
幫浦型式／最大輸出壓力	迴轉式幫浦／15Bar
沖煮壓力錶	有
空機重量 kg.	29.5

2. **Reneka Techno**：售價約台幣70,000元上下。屬於標準式沖煮頭搭配雙鍋爐的機種，採用壓力較穩定的迴轉式幫浦，必須加裝自動進、排水。煮咖啡、製作奶泡分別由不同的鍋爐負責，相對於單鍋爐及熱交換鍋爐而言有著較穩定的沖煮表現。電子式溫控，可獨立控制兩個鍋爐的溫度值，微調範圍為1℃。所有功能在觸控式面板上即可完成設定。使用者多為輕量營業型或是家用。　＊本機種已於2006年底停產。

Reneka Techno規格表

高×寬×深 mm.	375×340×390	加熱器功率 W	1500W／2000W
鍋爐容量 ml.	咖啡鍋爐：1400	把手規格 mm.	57.5（可替換58 mm濾器）
	蒸汽/熱水鍋爐：1400	幫浦型式／最大輸出壓力	迴轉式幫浦／15Bar
水箱容量 ml.	自動進、排水	沖煮壓力錶	有
電壓規格 V／Hz	110V／220V／60Hz	空機重量 kg.	26.5

B. 國外網購

1. **Expobar Brewtus II**：E61沖煮頭搭配雙鍋爐的水箱機種，配備蒸汽鋼管防燙手以及鍋爐PID溫控的設計，微調範圍為1℃，但由於該製造商鎖定的是家用族群，因此機器內使用震動式幫浦，而不是較穩定的迴轉式幫浦。國外售價約美金1,700元上下，使用者以家用族群為主。

Expobar Brewtus II規格表

高×寬×深 mm.	380×265×445	加熱器功率 W	煮咖啡鍋爐：975W
鍋爐容量 ml.	煮咖啡鍋爐：1700		蒸汽/熱水鍋爐：975W
	蒸汽／熱水鍋爐：1700	把手規格 mm.	58
水箱容量 ml.	2900	幫浦型式／最大輸出壓力	震動式幫浦／15Bar
電壓規格 V／Hz	110V／220V／60Hz	沖煮壓力錶	有
		空機重量 kg.	28

傳說機種

所謂的傳說機種，筆者賦予它兩個層面的意義：一是它揹負著響亮的品牌名號，動輒需要花費台幣20萬以上（單孔），二則是實際的機器零配件組裝等級，對應在沖煮品質的表現上。目前台灣的咖啡機市場非常微量，因此即使這些機種在台灣有代理商，也不是隨時可以拿到現貨，維修的零件也會較前面幾類的機種來得貴，唯一值得你掏出大把銀子的地方，就是它們的沖煮品質及穩定性，現在讓我們來看看這些傳說中的Espresso咖啡機吧！

A.台灣有代理商的機種

1.Synesso Cyncra 1GR：單孔機國外售價約為美金6,500元左右。國外打造傳說機種的戰場，正是從Synesso Cyncra這台機器開啟序幕。這台機器的機身零件幾乎全以不鏽鋼打造，搭配持溫穩定性高的輪瓣式沖煮頭（Paddle Wheel），加上類似雙鍋爐的結構，沖煮與蒸汽各自由獨立的鍋爐負責，鍋爐的水溫由PID控制，沖煮Espresso的環境幾近無懈可擊。另外蒸汽鋼管的位置有別於傳統機型，是放在機器頂部，防燙手的設計，讓操作人員更添機動性，但這台機器的蒸汽鍋爐並不提供熱水出口。代理商：貝拉貿易有限公司。

Synesso Cyncra 1GR規格表

高×寬×深 mm.	406×457×584
鍋爐容量 ml.	煮咖啡鍋爐：1900 蒸汽鍋爐：3200
水箱容量 ml.	自動進、排水
電壓規格 V／Hz	110V／220V／60Hz
加熱器功率 W	煮咖啡鍋爐：700W 蒸汽鍋爐：1000W／2000W
把手規格 mm.	58
幫浦型式／最大輸出壓力	迴轉式幫浦／15Bar
沖煮壓力錶	有
空機重量 kg.	48

2. La Marzocco GS3：筆者撰寫本書時尚未正式上市的機型，預計上市時的售價在美金4,500元上下。La Marzocco這個廠牌的機器，組裝零件使用的材料一向都是業界最高標準，GS3這台機器鎖定在家庭用、輕量營業用的場合，但卻有著非常驚人的多樣功能，目前已知的原型機功能包括穩定性最高的雙鍋爐系統及專利的循環水流沖煮頭、即時鍋爐水溫PID溫控（0.3°F微調幅度）、程式設定的自動開關機時間、易清潔的不鏽鋼沖煮頭分水網、蒸汽鋼管防燙手、內建可調式有壓預浸等，其他功能就得等待正式上市時才能分曉了。

La Marzocco GS3規格表

（原型機，上市後實際規格可能會變動）

高×寬×深 mm.	336×533×406
鍋爐容量 ml.	煮咖啡鍋爐：未公開 蒸汽鍋爐：未公開
水箱容量 ml.	水箱（容量未知）＋自動排水
電壓規格 V／Hz	110V／60Hz
加熱器功率 W	煮咖啡鍋爐：未公開 蒸汽鍋爐：未公開
把手規格 mm.	58
幫浦型式／最大輸出壓力	小型迴轉式幫浦／15Bar
沖煮壓力錶	有
空機重量 kg.	48

B.台灣無代理商的機種

1. **Versalab M3x Espresso System**：Versalab這家公司的負責人John Bicht在音響界也赫赫有名，他以製作高級音響的概念設計一系列Espresso用設備，包括磨豆機、自動填壓器以及Espresso咖啡機。2006年初上市的新一代機種，預計售價約美金8,000元左右。M3x Espresso System有許多項實驗室等級的精確度配備，包括微調±0.01 Bar的沖煮壓力、沖煮中溫差幅度±0.5°F，程式化預浸泡秒數微調±0.1秒，被動式鍋爐進水控制、內建式把手數位感溫器插槽、內建沖煮壓力表、指針式計時器等，還有連接到Dell手提電腦上的各項數據分析軟體，所有功能都可連接上電腦讀取各項數據，讓分析人員能夠依照得到的數據組合，找出穩定高沖煮品質的秘密。隨貨附Dell手提電腦及Labview數據軟體一套。但為了摒除不穩定的沖煮變數，這台機器沒有蒸汽供應，也沒有三向閥的洩壓功能。

Versalab M3x Espresso System規格表

高×寬×深 mm.	355×228×406
鍋爐容量 ml.	煮咖啡鍋爐：?
	蒸汽鍋爐：無
水箱容量 ml.	自動進、排水?
電壓規格 V／Hz	110V／60Hz
加熱器功率 W	煮咖啡鍋爐：--W
把手規格 mm.	58
幫浦型式／最大輸出壓力	?式幫浦／15Bar
沖煮壓力錶	有
空機重量 kg.	32

※本章參考資料：

1. Espresso: Ultimate Coffee by Kenneth Davids.
2. Espresso Coffee: The Science of Quality

第七章

其他沖煮器材攻略

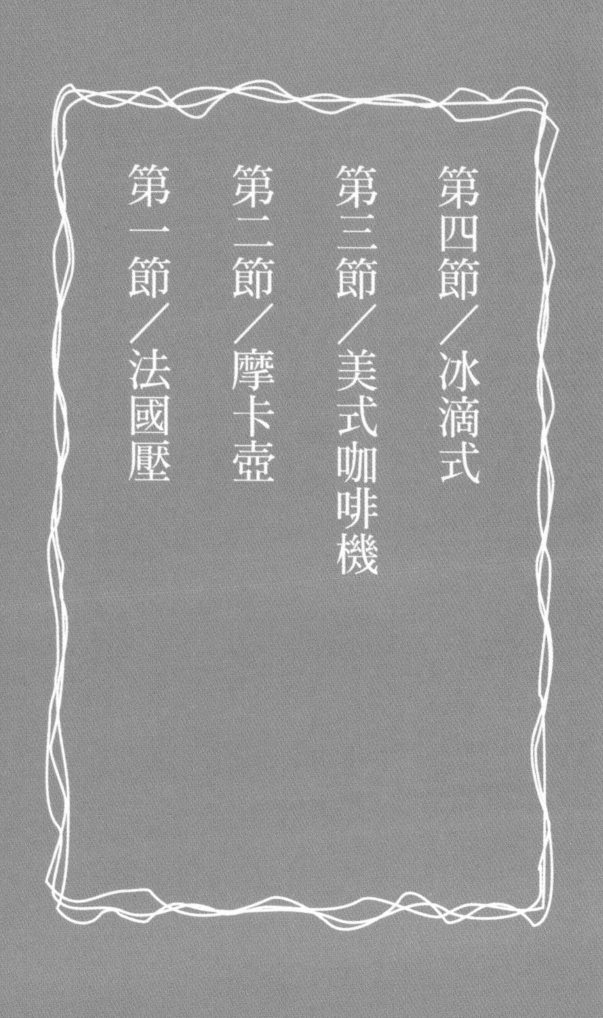
第四節／冰滴式
第三節／美式咖啡機
第二節／摩卡壺
第一節／法國壓

第一節 法國壓

認識法國壓

法國壓又稱法式濾壓壺（French Press），是辦公室一族最常選擇的沖煮器具，外型就像隱身在辦公室的濾茶器，差別只在濾網孔目大小。它最大的優點就是沖泡方式簡單、不需複雜的技巧，就可煮出較為口感濃厚卻又溫和甜順的一杯咖啡，非常省事。但缺點就是有時會喝到帶渣的咖啡。

法式濾壓壺之所以適合上班族使用，正是因為它具有「懶人沖泡法」的特色：在浸入熱水之後，按下計時器，就可以放在一邊不管它。由於使用的沖泡時間是3～5分鐘，因此必須要找到一個「久浸不苦」的研磨刻度，這個刻度會比其他沖泡法來得粗很多，如此才不會因為忘記時間、浸泡得太久，而把苦味都泡出來了。

▲Bodum法國壓＋濾網。

法國壓的種類選擇

一款適合沖泡咖啡的法式濾壓壺，必要條件便是其濾網孔目必須夠細，一般沖茶用的濾壓壺，其孔目大多偏粗，因此容易喝到較多的細渣，較適用的品牌為HARIO及設計師品牌BODUM，坊間若有濾網設計相近者，亦可以考慮。4杯份法式濾壓壺價位由一般台製品300～800元、HARIO的650元，到BODUM的平價款式400～1,000元，特殊設計款則要2,500元。

市面上的法式濾壓壺廠牌琳瑯滿目，是不是每個廠牌的煮法都一樣呢？答案是否定的。這是因為不同廠牌的法式濾壓壺，在濾網的粗細設計各有不同所造成，網孔較粗大的，當然會受限於只能使用極粗研磨咖啡豆來沖泡；網孔較細的，除了使用原先粗研磨度的沖泡方式之外，還可以變化一下手法，用稍細的研磨刻度、搭配較短的沖泡時間。目前常見的法式濾壓壺品牌有Bodum、Hario、台製Tiamo、生活工場等。由

▲由左而右：BODUM法國壓、HARIO法國壓、Alessi法國壓。

▲由左而右：各牌法國壓的濾器孔目比較。

於各廠牌濾網網孔大小不一，筆者謹將法式濾壓壺的沖泡建議依網孔粗、細分開，讓你能依據實際購得的款式進行沖煮，即使買到不一樣的也能煮！

網孔大小是影響口感的重要因素，法式濾壓壺的濾網以金屬質居多，不像濾紙的濾孔那麼細小，因此可以保留最多的可溶性風味成份，沖泡出的咖啡液濃醇感非常好，尤以沖煮中、深焙咖啡豆的表現更是出色。

沖泡器材需求

1. 法式濾壓壺　2. 磨豆機　3. 咖啡豆　4. 溫度計（進階量測配備）。

網孔較粗的沖泡建議

咖啡豆烘焙深度建議：City+ Roast到French Roast之間。

使用豆量建議：依口味濃淡偏好，每人份使用10～14公克的咖啡豆，配上180cc的熱水。

▼使用最粗的研磨刻度。

小飛馬刻度6.0～7.0。

Rocky刻度60～65。

901N刻度4.5～5.0。

Super Jolly刻度
標籤中心＋50～55。

Bodum設計款。

{沖煮流程}

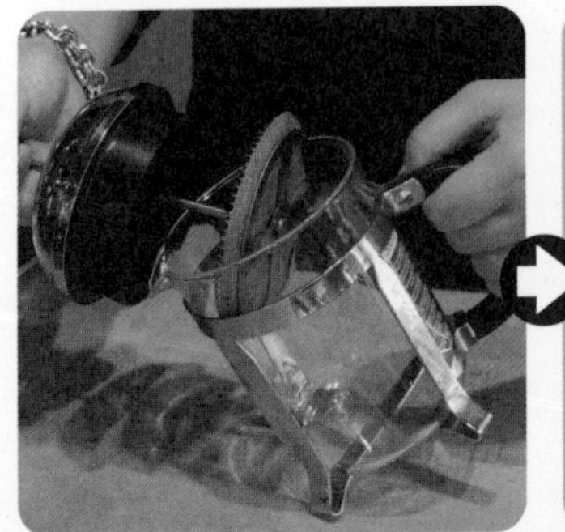

1

將上方壓蓋取出。

2

將咖啡豆磨成粉，並裝入壺中。

3

倒入熱開水（深焙豆使用90℃，中、淺焙豆使用93℃～96℃）。

4

將壓蓋蓋上，把咖啡粉向下壓至中間，使咖啡粉全部都浸入熱水裡。

5
計時4分鐘。

6
到2分鐘時，稍微搖晃一下壺身，觀察咖啡粉沉入壺底的情形。

7
4分鐘到了，將仍浮著的咖啡粉往下壓到底。

8
沖泡完成，倒出咖啡享用。

網孔較細的沖泡建議

除了可以使用之前的沖泡建議外，當天氣寒冷，需要盡快煮出一杯味道濃淡合宜的咖啡時，也可以使用這種較快速的方法，但是此時就不能浸泡太久，否則會讓你嚐到苦果的！

咖啡豆烘焙深度建議：City+ Roast到French Roast之間。

使用豆量建議：依口味濃淡偏好，每人份使用10～14公克的咖啡豆，配上180cc的熱水。

▼使用稍細一些、接近虹吸式沖煮法的研磨刻度。

小飛馬刻度4.5～5.0。 Rocky刻度30～33。 901N刻度5.5～6.0。 Super Jolly刻度標籤中心＋27～30。

▼Hario法式濾壓壺特寫。

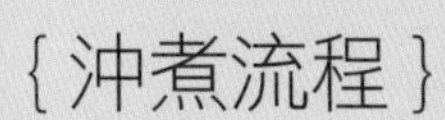

{沖煮流程}

1

將上方壓蓋取出。

2

將咖啡豆磨成粉，並裝入壺中。

3

倒入熱開水（深焙豆使用90℃，中、淺焙豆使用93℃～96℃）。

4

將壓蓋蓋上，把咖啡粉向下壓至中間，使咖啡粉全部都浸入熱水裡。

5
計時3分鐘。

6
到1分鐘時，稍微搖晃一下壺身，讓一部分咖啡粉先下沉。

7
3分鐘到了，將仍浮著的咖啡粉往下壓到底。

8
沖泡完成，將全部的咖啡倒出享用，不要留在壺裡。

清潔方式　分為兩個部分：濾網及壺身。

濾網：

1. 平時使用完畢，將濾網自以清水沖洗過之後，再浸泡到熱水裡，如此可以將附著在細小網孔上的咖啡脂質溶出，較不易堆積陳年舊垢。
2. 使用2～3個月之後，做一次徹底的清潔：這時就要用黃豆粉或是其他天然、無添加香精的清潔劑（如食用白醋，或是咖啡機專用的清潔粉），浸泡5～10分鐘，再以清水沖洗乾淨即可。

❶

❷A

❷B

壺身：

1. 將上方壓蓋取出後，直接以清水沖洗，不要添加任何清潔劑，避免殘留。
2. 使用2～3個月之後，同濾網清潔一樣，做一次徹底的清潔，將咖啡垢都清乾淨。

❶

❷A

❷B

問題與疑惑

Q1：可以用一般的沖茶器來充當法式濾壓壺嗎？

A：不可以。一般的沖茶器濾網的網孔太大，使用沖茶器泡咖啡幾乎可以算是沒有過濾的煮法，會讓你滿口都是咖啡渣。

Q2：沖泡中間需不需要打開壓蓋攪拌？

A：視情況斟酌，一般情況下是不需要攪拌的。但若沖泡的份量較多時，適度攪拌可以幫助平均的萃取。

Q3：替法式濾壓壺穿衣服保溫可以嗎？

A：當然可以。法式濾壓壺最大的缺點就是降溫太快，如果能夠讓溫度降低的速度變慢，當然是一件好事，這樣你也可以延長一些享用溫熱咖啡的時間。你也可以有另一種選擇，就是直接購買雙層不鏽鋼保溫型的法式濾壓壺，這樣就不用再煩惱失溫的問題。不過如果你採取這種方式沖煮，勢必要把整體沖煮時間略為縮短1～2分鐘，高溫環境的萃取效率較好，也許會因此提前將苦味煮出來。

Q4：有沒有辦法讓我們不要喝到咖啡細粉渣？

A：可以的。有三種方式：第一種就是倒出咖啡後先不要劇烈搖晃杯身，讓細粉沉到最底下，最後一小口不要喝；另外還可以準備一個虹吸式咖啡壺專用的「濾布」綁在濾網上；第三種就是準備一個手沖用的法蘭絨濾布，將法國壓中的咖啡倒進來過濾，如此一來就可以非常有效率濾除細小的粉渣，又不致犧牲掉醇厚的口感。

Q5：泡好後如果繼續讓咖啡粉浸泡著有沒有關係？

A：如果你使用的是深焙咖啡豆，研磨刻度又太細的話，那麼繼續浸泡會把苦味的比例放大，咖啡因的溶出比例也會提高。如果使用的是中淺度烘焙咖啡豆，或是研磨刻度適當的情況下，最多可以浸泡6分鐘，之後請務必倒出。浸泡過久也會使香氣散逸掉太多。

第二節 摩卡壺

摩卡壺簡述

在義大利人的家庭裡，幾乎都可以看見摩卡壺的身影，用來隨手煮一杯卡布其諾咖啡，享受悠閒的咖啡生活，這就是義大利。義大利人喜愛喝口感濃郁的咖啡，其實是承襲自土耳其殖民時期，當時的土耳其人將咖啡豆烘焙得非常深，以利碾碎成非常細小的顆粒，讓煮出來的土耳其式咖啡非常濃郁，但是由於煮出的咖啡中會帶有細小的咖啡渣，在口感上不是很細緻，因此發展出了類似摩卡壺這樣經過「過濾」的濃咖啡沖煮器具。

▲Alessi 9090摩卡壺。

▲Brikka摩卡壺。

摩卡壺煮出的咖啡偏濃重，帶有些許Espresso的特徵──可以煮出一點Crema──但不算是真正的Espresso。摩卡壺的沖煮原理很類似虹吸壺，都是將下壺的水燒到接近沸騰，利用蒸汽將熱水推到上壺，只是沖煮時使用的咖啡顆粒比虹吸式小很多，水量也比虹吸式用得少。

摩卡壺以構造來分，主要分為「有聚壓閥」及「無聚壓閥」兩類，前者代表品牌為Bialetti Brikka，而後者最著名的就是設計師品牌Alessi 9090系列，但是由於材質使用上仍是金屬，因此使用上亦具有一定的危險性，必須格外小心操作。如果能搭配濕抹布一起操作，會更順手一些。

絕大多數的摩卡壺都將盛裝咖啡粉的濾器連接在下壺上，然後將上壺鎖上，才開始加熱，這個做法對於香氣的保留非常不利，因為筆者本身提倡的「正式沖煮前才研磨」，就是希望能讓香氣的逸散程度減到最低，而大部分的摩卡壺都必須預先研磨好，加上顆粒又磨得很細，下壺加熱到能夠上升之前的那段時間並不短，摩卡壺內積聚的熱，直接提升了咖啡顆粒中芳香成分的揮發率，提前消散。使用這類型的摩卡壺（包括有聚壓閥的Bialetti Brikka）只能靠一個訣竅：減少熱水上升到上壺的時間。

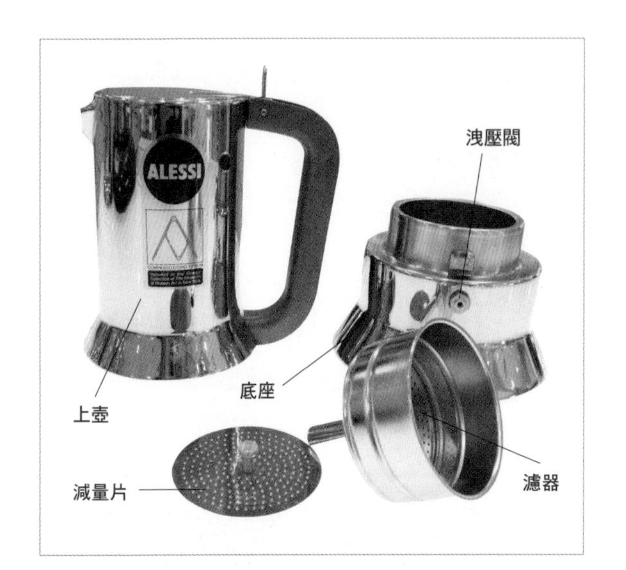

Bialetti Brikka，又稱為六角壺，與傳統式摩卡壺不同之處在於其聚壓閥的設計，可以榨出更豐富的Crema。但聚壓閥積聚的壓力並不是非常強，是純粹靠水蒸汽推力累積而成的壓力，雖然能夠煮出看起來不錯的Crema，但同時也有萃取溫度過高的疑慮，因此使用上必須注意火力的調整，且不太適合沖煮較深度烘焙的咖啡豆，會煮出過高的焦苦味。詳細的操作要點請參考沖煮建議處。

另一個選擇，就是使用經過精心設計的Alessi 9090系列摩卡壺。這款摩卡壺有以下幾個優點：

1. 底部設計成波浪型，大幅增加了受熱面積，讓下壺水的升溫速度變快許多。
2. 下壺的高度比一般摩卡壺寬且低，熱水上升時行經的路徑較短，等待的時間變短了，自然就少了一些不穩定因素，讓煮出的濃咖啡品質有一定水準。
3. 上壺獨特的扣式手把設計，有別於大部分摩卡壺的旋轉式固定方式，使用者不用把盛粉濾器先裝進去加熱，犧牲了香氣，從容地等水沸騰，再裝上濾器、扣上上壺，馬上就可進行沖煮。

▼Alessi 9090底部特寫。

▼其他摩卡壺底部特寫。

▼Brikka摩卡壺底部特寫。

▲Alessi 9090摩卡壺的獨特「扣式手把」。

▲其他類型的摩卡壺幾乎都是「螺紋旋轉式固定」。

使用摩卡壺的方式，本書將分為Alessi 9090的煮法要點以及Bialetti Brikka的煮法要點兩部分，沖煮基本配備如下：

1. 摩卡壺（Bialetti Brikka或Alessi 9090）。
2. 瓦斯爐（小型噴燈式或登山用瓦斯爐）。
   及瓦斯爐架。
4. 磨豆機。
5. 濕抹布。
6. 圓形濾紙（濾除細渣用）。

▶圓形濾紙。

▲小瓦斯燈及爐架。

沖煮前注意事項

1. 隨時都要搭配著濕抹布一起操作。
2. 尚未使用過的摩卡壺上都會有一層油脂，請先以清水泡小蘇打粉10分鐘後，然後空煮2～3回合再開始沖煮咖啡，切勿使用洗碗精等會殘留的清潔劑。
3. 除了Alessi 9090這款壺之外，盡量使用熱水加熱，縮短咖啡粉香氣揮發的時間。
4. 沖煮火力不能一火到底，也不要以過大的火力加熱，開始沖煮時請記得將火力調小，否則沖煮溫度都會偏高，容易煮出焦苦味。
5. 沖煮期間人不可離開，下壺水上升之後很快會變成空燒狀態，若持續加熱會造成危險。
6. 使用旋轉固定式的摩卡壺沖煮時，請確實旋緊，以免壓力從接合處洩漏而出。另外在壺身很燙的情況下，由於金屬受熱會膨脹，請勿強行轉開，會將螺紋損毀。請先等壺身冷卻，讓金屬收縮之後再轉開清洗。
7. 常檢查接合處的橡膠墊圈，如有硬化、變形的情形，應立即更換。

過大的火力。

適當的火力。

Bialetti Brikka摩卡壺沖泡建議

咖啡豆烘焙深度建議：City Roast到Full City+ Roast之間。

使用豆量建議：將濾器裝滿後刮平的粉量。

▼接近法蘭絨濾布手沖的刻度。

小飛馬刻度2.5～3.0。

Rocky刻度18～25。

901N刻度3.5～4.5。

Super Jolly刻度標籤中心＋10～15。

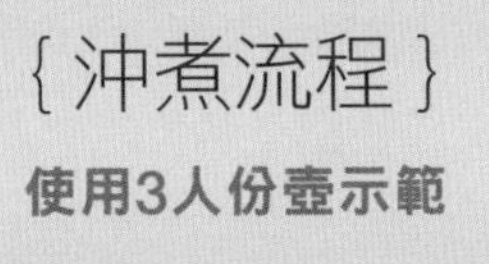

{ 沖煮流程 }

使用3人份壺示範

1
咖啡豆磨成粉，裝入濾器，並以手輕拍濾器邊緣兩下。

2
將粉刮平。

3
輕輕填壓一下，不要施太大的壓力，以免阻抗力過大，煮不出咖啡。

4
將圓形濾紙架在濾器上，
或是沾濕貼在上座處。
洩壓閥
5
倒熱水到下壺，水位必
須低於洩壓閥的位置。
6
將已裝粉的濾器放上，
濕抹布包住下壺緊握，
將上壺旋上。
7
開火加熱下壺。

8
看到下壺側邊的洩壓閥開始噴氣，此時將火力調小。

9
咖啡開始上升，大約升至七分滿時即可關火。

10
倒出濃咖啡享用（加奶飲用者則是以濃咖啡當作基底待命，稍後再介紹簡易的奶泡、熱牛奶製作方式）。

Alessi 9090摩卡壺沖泡建議

咖啡豆烘焙深度建議：City Roast到Vienna Roast之間。

使用豆量建議：將濾器裝滿後刮平的粉量。

▼接近法蘭絨濾布手沖的刻度。

❶ 小飛馬刻度2.5～3.0。

❷ Rocky刻度18～25。

❸ 901N刻度3.5～4.5。

❹ Super Jolly刻度標籤中心＋10～15。

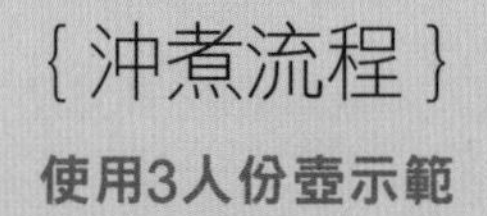

{ 沖煮流程 }

使用3人份壺示範

1
將冷水倒入下壺，加到洩壓閥下緣即可。

2
開火加熱至水沸騰。

3
將火轉小。

4
咖啡豆磨成粉，將粉盛入濾器，再輕拍兩三下。

5
將粉刮平。

6
輕輕填壓一下，不要填太緊，以免阻抗力過大而煮不出咖啡。

7
將已裝粉的濾器裝上下壺。

8
扣上上壺。

9
上壺開始有咖啡液慢慢冒出，至七分滿時關火。

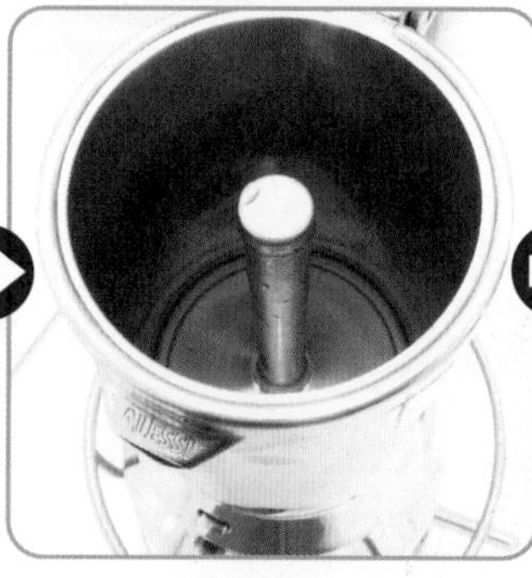

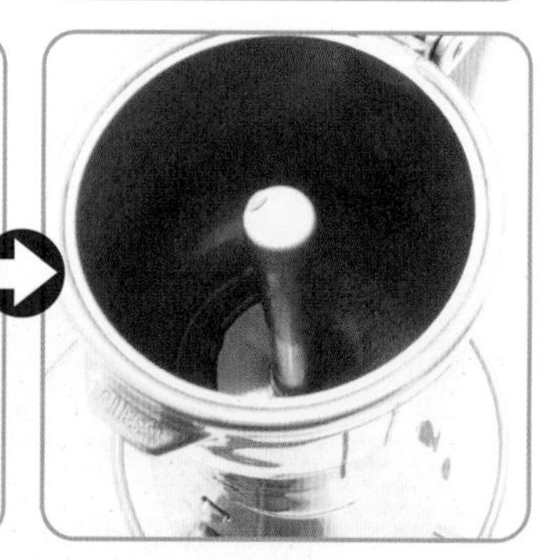

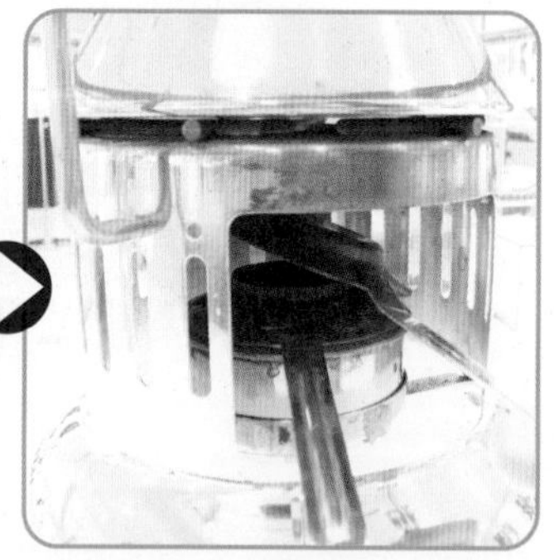

10
倒出濃咖啡享用（加奶飲用者則是以濃咖啡當作基底待命，稍後再介紹簡易的奶泡、熱牛奶製作方式）。

清潔步驟

1. 摩卡壺靜置到室溫再進行清洗。
2. 將上座扣把鬆開，取出濾器。
3. 將濾器中的粉塊倒入廚餘桶，之後以清水沖洗乾淨。
4. 上壺以清水沖洗。
5. 下壺以清水沖洗。
6. 兩週做一次較徹底的清潔，將上、下壺及濾器，全部再浸入清水中，加入少許小蘇打浸泡10分鐘，再沖洗乾淨（亦可使用咖啡機清潔粉，搭配熱水使用）。

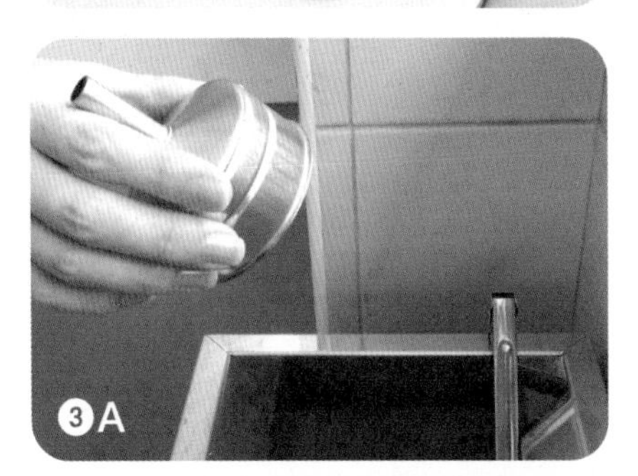

加奶飲用

簡易奶泡製作法及卡布其諾咖啡、拿鐵咖啡調製法

使用器材：BODUM奶泡專用壺

1

將適量的全脂或低脂鮮奶隔水加熱至65℃。倒入奶泡專用壺。

2

蓋上上方的壓蓋，並緩慢地向下擠壓。

3

來回抽、壓數次之後，產生了足夠的奶泡。

4

掀開壓蓋，奶泡已完成。

5

如果想做卡布其諾咖啡，請參考第172頁的卡布其諾製作步驟及第174頁的拿鐵製作步驟。

問題與疑惑

Q1：為什麼要使用圓形濾紙？哪裡買得到？

A：如果不使用圓形濾紙，以摩卡壺煮出的濃咖啡杯底或多或少會殘留細渣，口感細緻度較差。圓形濾紙可以在咖啡耗材專賣店購得，或是直接買手沖用的濾紙，自行裁剪成適當尺寸。

Q2：為什麼只介紹這兩款摩卡壺?其他款的摩卡壺不行用嗎?

A：其他款的摩卡壺，操作方式同Bialetti Brikka，唯一差別是Brikka多了一個聚壓閥的清潔步驟。大多數的摩卡壺有許多不合乎萃取原理的設計，因此收藏價值遠大過於實用價值，而Alessi 9090系列卻是兼具收藏與實用價值的唯一壺種，其設計者Richard Sapper將傳統摩卡壺的缺點一一改良，成就了摩卡壺裡的唯一一顆閃亮之星，這支壺什麼都好，只是價格不平易近人罷了。Brikka則是因為構造特殊，有能力做出較多Crema的基底，加上價格較低，讓一開始想玩煮咖啡的人，不會因價格高而望之卻步。

Q3：摩卡壺煮出的咖啡可以叫「摩卡咖啡」嗎？

A：不一定。使用摩卡咖啡豆(拼法眾多，Mocha、Moka、Mocca皆可)煮出的咖啡才能稱為「摩卡咖啡」，摩卡咖啡豆指的是產自衣索比亞以及葉門兩個國家的單品咖啡豆，得名自早期東非、阿拉伯地區唯一的咖啡出口港「摩卡港」(Al Makha)。此區域出產的乾燥處理式咖啡豆，風味中幾乎都帶有可可味，因此「摩卡」這個名詞又被某些飲品連鎖體系拿來當作一種加入巧克力醬調味的飲料名稱。摩卡壺以及其他任一種沖煮法，都可以使用來自全世界咖啡產地的單品咖啡豆沖煮，也可以使用混合調配的配方豆沖煮，選擇因人而異。

第三節 美式咖啡機

在辦公室喝咖啡的另一個選擇，就是美式咖啡機。與法式濾壓壺不同的是，美式咖啡機的結構中有孔目較小的濾網，也有使用拋棄式濾紙的機種，這個結構可以使滴下來的咖啡液不帶渣，但相對的必須多花一點時間清理它，有捨有得，如果想要直接享用一杯清澈的咖啡，這一點時間是必要的。

一般市面可以買到的家庭用美式咖啡機，其結構非常陽春，較常見的就是讓冷水直接通過加熱器，然後滴灑在咖啡粉上開始萃取。這個原理的立意很好，是一種極便利的沖煮架構，但是卻有兩個為人詬病的大缺點：水不夠熱、灑水不均勻。因此以市售的美式咖啡機沖煮出的咖啡液，其風味都傾向單薄、味淡。

這兩年在歐美地區正紅的一個改良式荷蘭廠牌美式咖啡機Technivorm，經過挪威咖啡沖煮中心（Norwegian Coffee Brewing Centre）以及美國精品咖啡協會（SCAA，Specialty Coffee Association of America）的雙重認證，徹底改善了前述美式咖啡機的普遍缺點，將美式咖啡機的設計帶到另一個境界，筆者在此特別推薦，雖然目前在台灣無法直接買到這牌子的美式咖啡機，但它的優異品質表現真的值得喜愛喝咖啡的你花點力氣跟國外網購。你可以向Sweet Maria' s網購這台美式咖啡機，若看英文不吃力，也可以參考該站的使用建議：http://wwwsweet-marias.com/prod.technivorm.shtml。

沖泡器材需求：

1. 美式咖啡機　2. 磨豆機　3. 咖啡豆。

一般美式咖啡機

美式咖啡機結構概述

影響美式咖啡機沖泡品質最關鍵之處，就在於灑水系統的設計以及沖煮水溫。

使用所有的沖煮法，我們都希望能夠充分萃取每一顆咖啡粉裡的風味成分，在美式咖啡機上亦然。可是灑水系統的設計每一種廠牌都不太一樣，不同的設計，就有各自適合的堆粉形狀，以達到最佳的均勻萃取率。請對照下方示意圖：

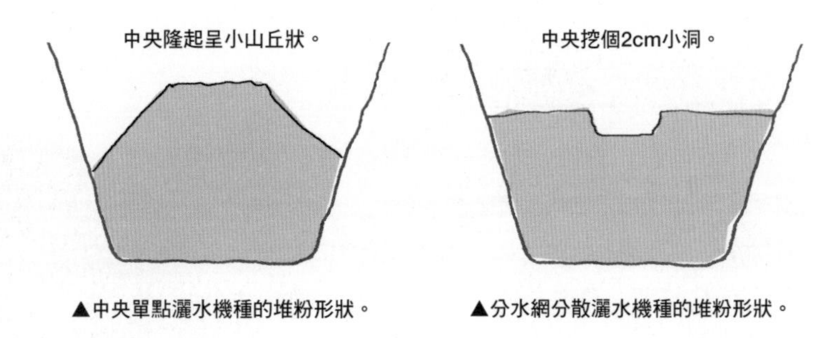

▲中央單點灑水機種的堆粉形狀。　▲分水網分散灑水機種的堆粉形狀。

另外，在沖煮水溫方面，市售數百元到2,000元之間的機種品質落差很大，有些機種的加熱器功率並不是那麼強，只能將水加熱到75℃～85℃度，因此在水的選擇上就顯得格外重要，請使用達到「生飲」標準的水來加熱。如果想要喝到層次感更豐富的一杯，那不妨考慮筆者推薦的Technivorm，實際量測得到的沖煮水溫是88℃～92℃，正好落在最恰當的沖泡水溫區間裡，但售價更高些，約美金185～195元。

下方是美式咖啡機的各個重要結構指示圖：

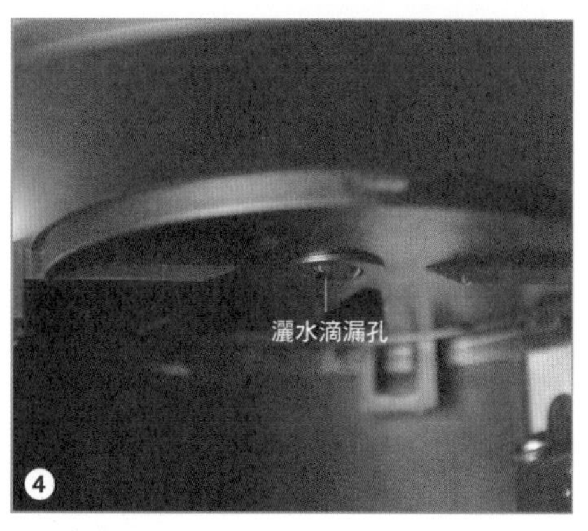

1. 冷水添加口。
2. 電源開關／加熱器開關。
3. 過濾裝置。
4. 灑水滴漏孔。
5. 盛壺及底座保溫墊。

沖泡建議

咖啡豆烘焙深度建議：Full City Roast到Vienna Roast之間。

使用豆量建議：依口味濃淡偏好，每人份使用10～14公克的咖啡豆，配上180cc的熱水。

▼使用接近虹吸式沖煮法的研磨刻度。

❶ 小飛馬刻度2.5～3.0。

❷ Rocky刻度18～21。

❸ 901N刻度3.5～4.0。

❹ Super Jolly刻度標籤中心＋10～15。

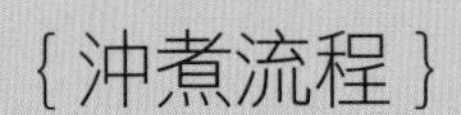

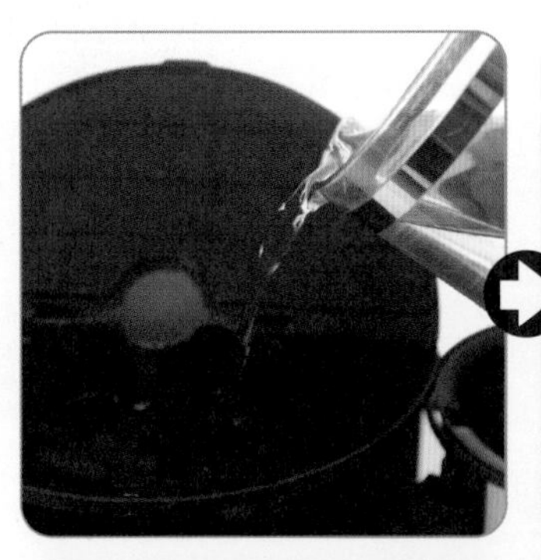

1

倒入可生飲的冷水。

2

將咖啡豆磨成粉後裝入過濾裝置裡，依機器灑水方式的設計不同，調整出適當的粉堆形狀。

3

開啟電源。請注意，空機時不可打開電源，以免加熱器空燒而損毀。

4

若你的美式咖啡機「過濾裝置」可以自由開關咖啡滴漏孔，可以試著在沖煮初期關閉咖啡滴漏孔，讓咖啡粉與熱水充分浸泡約20秒，再打開滴漏孔繼續滴。

5

滴漏完成，請享用。

注意事項及清潔方式

1. 沖煮完成後，請不要使用「保溫墊」的功能，持續對咖啡液加熱，會讓咖啡的香味散得更快。

2. 每次沖煮完之後，都必須把上方過濾裝置確實清洗，避免堆積咖啡垢，影響沖煮品質。

3. 每次使用的咖啡粉，只能沖泡一回合，不要重複沖泡，第二回沖泡的幾乎都已沒有香味。

第四節 冰滴式

冰滴式原理

冰滴式萃取法有許多種稱呼，坊間常可見到「水滴式咖啡」、「冷泡式咖啡」、「冰釀式咖啡」等名稱，指的都是同一種萃取法。

此種萃取方式有別於本章前六節的各種以「熱水」萃取咖啡的方式，是以低溫的冰水慢慢滴到咖啡粉層裡，咖啡粉與水接觸的時間拉長了許多，讓咖啡中的風味成分有非常充裕的時間釋出，在這段不短的時間裡，咖啡中的醣類成分會引起發酵作用，因此使用這種萃取方式萃出的咖啡，風味具有特殊的發酵氣味，飲用時會使人有種在喝酒的錯覺。

冰滴式的萃取時間依使用器材大小，需要5～8小時不等的時間。在這段時間裡，咖啡因的成份會以緩慢的速度逐漸溶入萃取液中，由於總萃取時間是其他沖煮法的數百倍，因此即使在低水溫狀態下咖啡因溶出率較低，但是這麼長的溶解時間，讓咖啡因溶出的總量遠比其他沖煮法來得高。如果你的身體對咖啡因較敏感，或是容易心悸、失眠的人，可能較不適合飲用冰滴式咖啡。

冰滴式萃取設備依尺寸分為三類

1. **營業用大型冰滴設備（20杯份）**：每次使用1磅的咖啡粉，滴8個小時。
2. **家用中小型冰滴設備（3～6杯份）**：每杯份使用15克咖啡粉，滴3～5個小時。
3. **家用簡易型自製冰滴裝置**：尺寸依個人喜好可以自行製作，每杯份使用15克咖啡粉，滴3～5個小時。

冰滴式萃取法需要的基本配備

1. 冰滴式萃取設備一組，或是自製冰滴裝置一組。
2. 咖啡豆。
3. 磨豆機。
4. 計時器。
5. 冰塊。

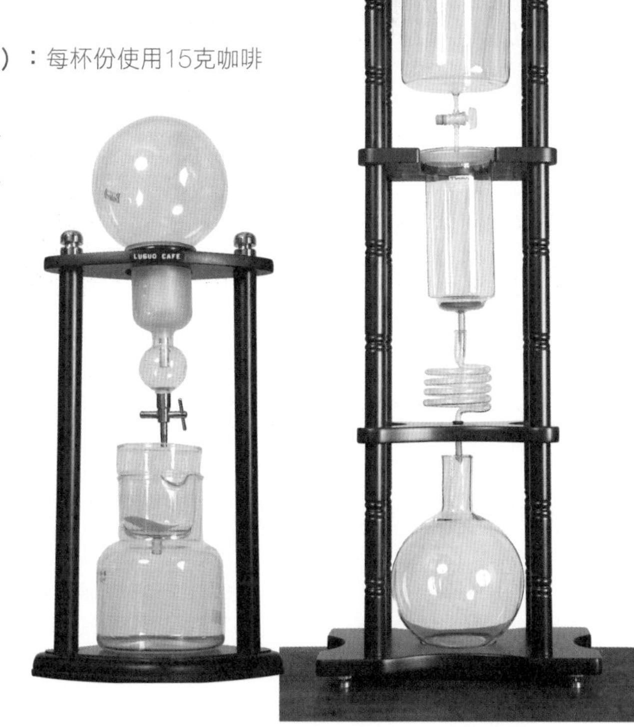

冰滴式萃取法操作建議

咖啡豆烘焙深度建議：City+到French之間。

使用豆量建議：每杯份使用15克咖啡粉。

研磨刻度建議：詳見第101頁附表。

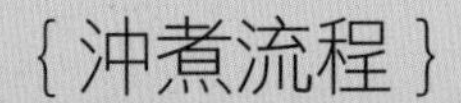

1
取下冰滴設備中間的粉槽，裝入適量研磨好的咖啡粉，並用手稍微拍實。

2
在表面放上圓形濾布。

3
將粉槽裝回原位。

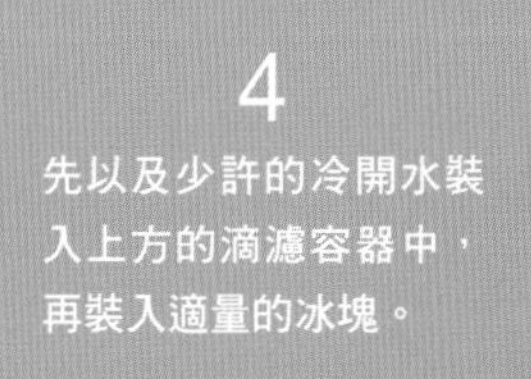

4
先以及少許的冷開水裝入上方的滴濾容器中，再裝入適量的冰塊。

7
滴完之後，將下方盛接容器封好，擺進冰箱12小時後再飲用，風味更佳。

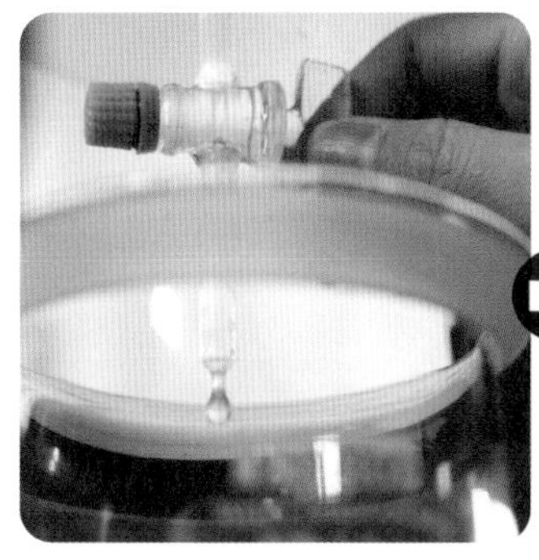

5
調整水滴頻率，依個人濃淡喜好，要濃的話就3秒1滴，要淡就1秒1滴。

6
按下倒數計時器，計時3～5小時（水滴頻率越快，就會在越短的時間內滴完）。

清洗步驟

1. **清洗玻璃容器：**完成滴濾之後，建議將咖啡另外裝進其他容器裡，將所有冰滴設備的玻璃容器一起清洗。使用清水沖洗即可。注意：清洗玻璃器具必須特別小心，以免慘劇發生。
2. **清洗濾布：**如果你想將濾布重複利用，就必須在每次滴濾完時，將濾布以熱水沖洗過，再浸泡到熱水中保存。建議使用5次就要更換一張新的濾布。

冰滴式萃取法操作建議
簡易式自製冰滴裝置

使用現成手沖器具直接做冰滴：不需再花工夫製作額外器材，使用手沖專用的陶瓷濾杯（4杯份）、濾紙、下方盛接壺，再加上一個平底、厚壁的碗當罩子即可。

清洗步驟

1. 將濾杯、下方盛壺直接以清水沖洗乾淨即可。
2. 如果使用一陣子有發現積垢情形，再以咖啡機專用清潔粉泡熱水使用，將濾杯及盛壺放進去浸泡5～10分鐘。
3. 再以清水沖洗乾淨即可。

冰滴式咖啡飲用搭配建議

你可以直接飲用不添加任何東西的冰滴咖啡，享受它單純卻又獨特的發酵香味。但是由於冰滴式萃取法使用的萃取溫度層較低，因此萃出的風味層次感較低一些，純飲時較不具多變的特性，所以也可以加入如黑糖、果糖、鮮奶油之類的調味品，讓這杯奇特的咖啡更添順口。

除了事後添加調味品之外，也可以藉由使用不同的咖啡豆種類而有不同的香味、口感變化，你可以使用如下的咖啡豆變換方式：

1. 烘焙至Full City或更深的單品咖啡豆，單一烘焙度。
2. 烘焙至Full City及Vienna各一半的同一款單品咖啡豆，做單品深淺配。
3. 烘焙至Full City或更深的兩款不同單品豆，單一烘焙度。
4. 烘焙至Full City及Vienna各一半兩款不同單品豆，做混豆深淺配。
5. 使用喜愛的Full City或更深烘焙度的Espresso用混合豆。

這些搭配方式各自有不同的效果，值得你一玩再玩！

另外，筆者在此提供幾個自己較喜愛的冰滴豆種建議，初次玩冰滴萃取的你，可以由此開始入門：

1. 衣索比亞─椰加雪啡（Ethiopian Yirgacheffe Gr. 2）：帶花香及檸檬香。
2. 肯亞AA/AB（Kenyan AA／AB）：帶花香或烏梅香。
3. 衣索比亞─哈拉摩卡（Ethiopian Harar Gr.4／Gr.5）或葉門─馬他力摩卡（Yemeni Mattari）：帶更強的發酵酒香，尾韻還會有點黑巧克力味。
4. 瓜地馬拉─安提瓜（Guatemalan Antigua）：略帶烏梅及礦物鹽的味道。

附錄A.B.C.

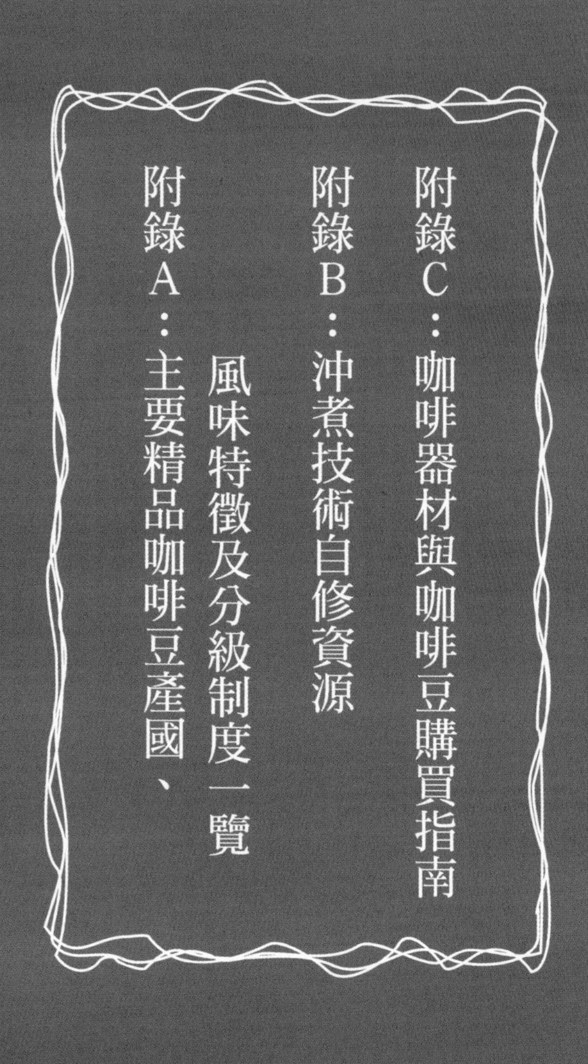

附錄C：咖啡器材與咖啡豆購買指南

附錄B：沖煮技術自修資源

附錄A：主要精品咖啡豆產國、風味特徵及分級制度一覽

附錄A
主要精品咖啡豆產國、風味特徵及分級制度一覽

咖啡帶

全球種植咖啡樹的產國，除了日本小規模以溫室栽培之外，幾乎全都集中於南、北回歸線中間的帶狀區域，這個區域統稱為「咖啡帶」（Coffee Belt）。

本書僅列出其中主要的精品咖啡產國，栽種的當然是香味、層次較豐富的阿拉比卡種（Coffea Arabica），方便各位購買前參考。阿拉比卡種底下又可分為許多支系品種，包括自然進化種、自然交配種、人工育種而產生，有的在滋味表現上特別迷人，有的則以產量、抗病力取勝，每個產國採用的支系品種不見得相同，加上生長環境條件的差異，造就出各種不同的咖啡特性，值得我們一一去探索他們的真味！

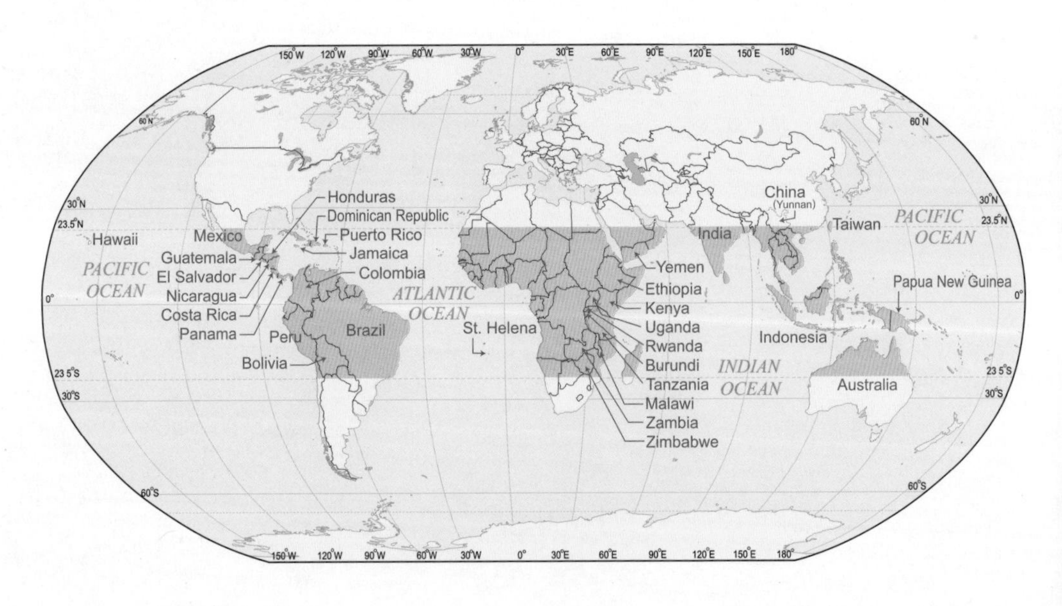

東非及阿拉伯半島

經過科學家們的考證，可以確定這個區域是世界上所有咖啡樹種的起源地，擁有最複雜、多樣的自然原生樹種，也有最悠久的咖啡飲用歷史，東非出產的咖啡豆皆具有獨特鮮明的風味特質。

下方關於非洲地區的產地資料，部分來源由知名的非洲豆專家Phyllis Johnson友情提供，她與丈夫所經營的BD Imports專門負責引進來自非洲各產國的精選咖啡豆，更是協助非洲新興產國提升咖啡生豆處理水準、改善咖啡農生活的重要推手，BD Imports在2005～2006年主辦了衣索比亞的Ecafe Gold杯測大賽的競標活動，資料經筆者整理之後加以彙編成以下產地資料。

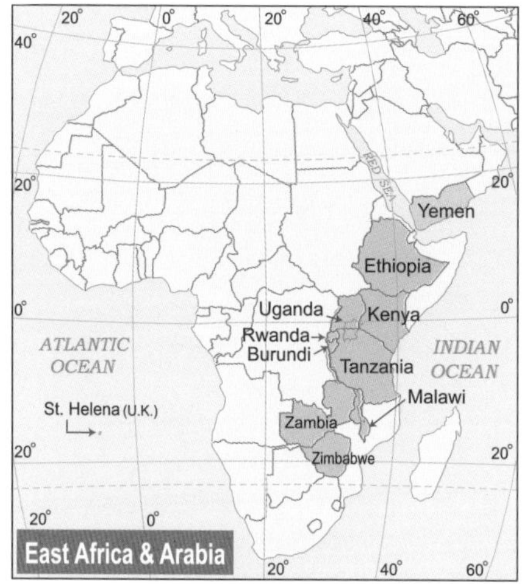
East Africa & Arabia
Yemen
Ethiopia
Uganda
Kenya
Rwanda
Burundi
Tanzania
Malawi
Zambia
Zimbabwe
ATLANTIC OCEAN
INDIAN OCEAN
RED SEA
St. Helena (U.K.)

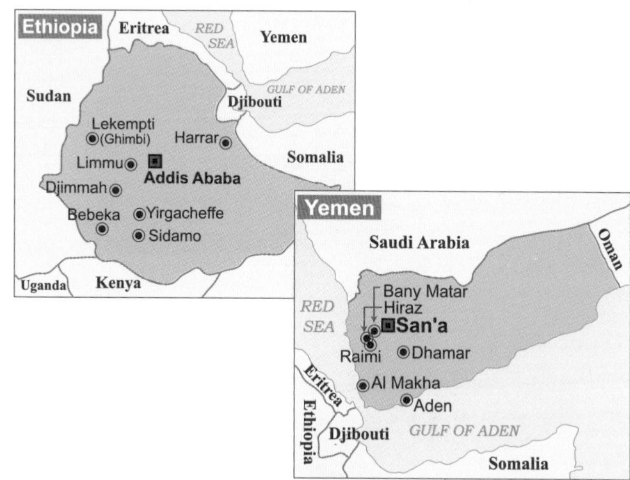
Ethiopia
Eritrea
RED SEA
Yemen
Sudan
Djibouti
GULF OF ADEN
Lekempti (Ghimbi)
Harrar
Limmu
Addis Ababa
Somalia
Djimmah
Bebeka
Yirgacheffe
Sidamo
Uganda
Kenya
Yemen
Saudi Arabia
Oman
Bany Matar
Hiraz
San'a
RED SEA
Raimi
Dhamar
Al Makha
Aden
Eritrea
Ethiopia
Djibouti
GULF OF ADEN
Somalia

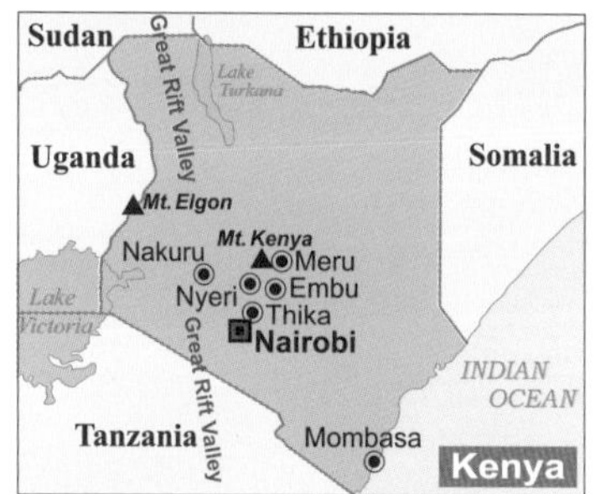
Sudan
Ethiopia
Great Rift Valley
Uganda
Somalia
Mt. Elgon
Mt. Kenya
Nakuru
Meru
Nyeri
Embu
Thika
Nairobi
Lake Victoria
INDIAN OCEAN
Tanzania
Mombasa
Kenya

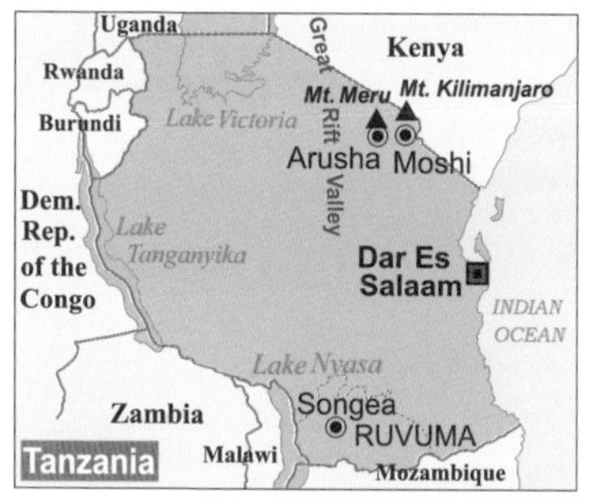
Uganda
Kenya
Rwanda
Burundi
Great Rift Valley
Mt. Meru
Mt. Kilimanjaro
Lake Victoria
Arusha
Moshi
Dem. Rep. of the Congo
Lake Tanganyika
Dar Es Salaam
INDIAN OCEAN
Lake Nyasa
Zambia
Songea
RUVUMA
Tanzania
Malawi
Mozambique

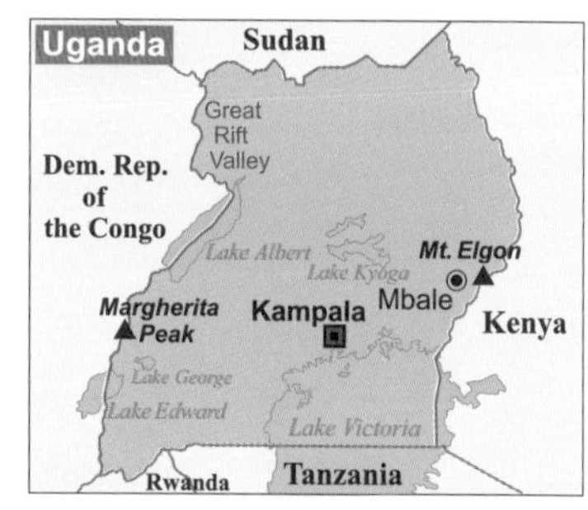
Uganda
Sudan
Great Rift Valley
Dem. Rep. of the Congo
Lake Albert
Mt. Elgon
Lake Kyoga
Mbale
Margherita Peak
Kampala
Kenya
Lake George
Lake Edward
Lake Victoria
Rwanda
Tanzania

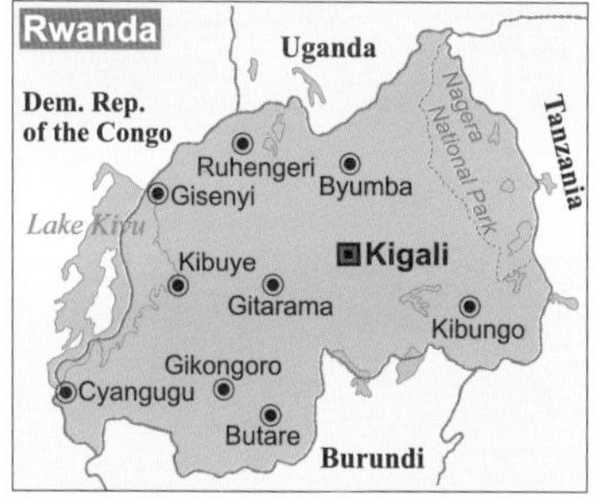
Rwanda
Uganda
Dem. Rep. of the Congo
Nagera National Park
Tanzania
Ruhengeri
Byumba
Gisenyi
Lake Kivu
Kigali
Kibuye
Gitarama
Kibungo
Gikongoro
Cyangugu
Butare
Burundi

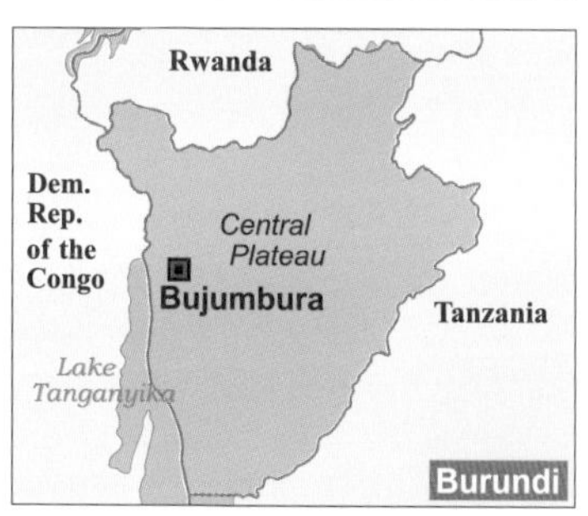
Rwanda
Dem. Rep. of the Congo
Central Plateau
Bujumbura
Tanzania
Lake Tanganyika
Burundi

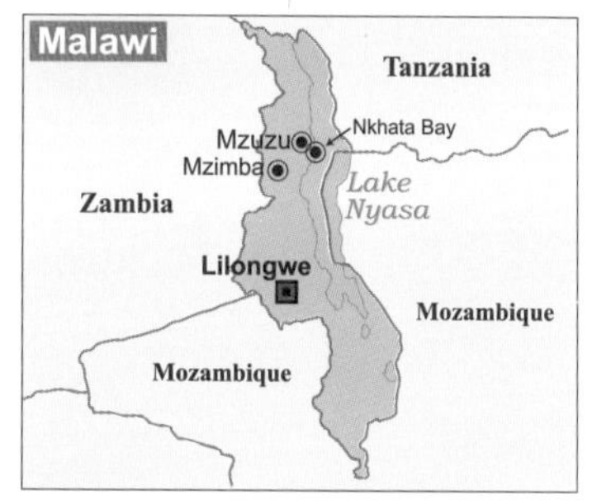
Malawi
Tanzania
Mzuzu
Nkhata Bay
Mzimba
Lake Nyasa
Zambia
Lilongwe
Mozambique
Mozambique

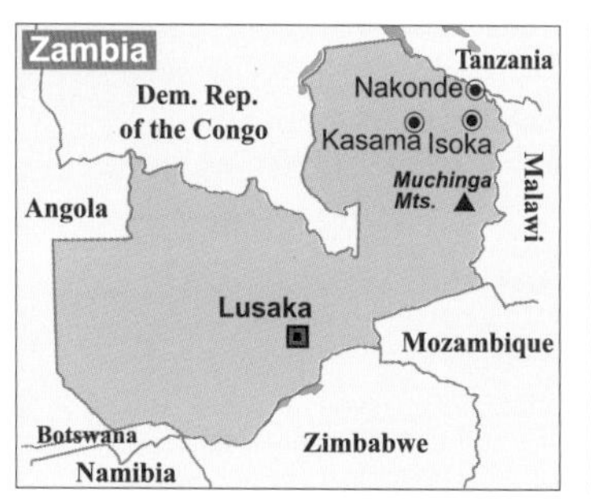
Zambia
Tanzania
Dem. Rep. of the Congo
Nakonde
Kasama
Isoka
Malawi
Muchinga Mts.
Angola
Lusaka
Mozambique
Botswana
Zimbabwe
Namibia

Zambia
Namibia
Lake Kariba
Harare
Victoria Falls
Mozambique
Mutare
Chipinge
Botswana
Zimbabwe
South Africa

St. Helena
Blueman's Estate
Napoleon Valley's Estate
Mt. Actaeon
Mt. Actaeon Estate
GW Alexander Estate
Coffee Ground Estate

▲非洲咖啡產國一覽。

衣索比亞 Ethiopia

產區	Harrar、Sidamo、Yirgacheffe、Limmu、Djimmah、Lekempti（Ghimbi）、Bebeka等，亦為出口的咖啡豆品名
生豆處理方式	水洗式、乾燥式（日曬法）
分級方式	瑕疵豆比例：水洗式：Gr.1~2　乾燥式：Gr.3~5，少數Gr.1
最佳賞味烘焙度／風味特徵	水洗式處理法的咖啡風味中較不易帶有野性風味（Wild notes），具有純淨、清爽的特質，適合以City到Full City的烘焙度詮釋，如水洗式椰加雪啡、水洗式西達莫、水洗式利姆等。在一些本質優異的衣索比亞水洗式咖啡豆中，有時可以察覺到明顯的上揚檸檬、柑橘類精油、茉莉花香、蜂蜜味等，酸味較明顯，醇厚感較稀。 日曬處理法的各種摩卡豆在基本風味上都帶有野性風味（如皮革味、禽鳥味、土壤味等等），只是程度上或有多與寡的差別，較適合以Full City至Vienna的烘焙度表現。本質優異的日曬摩卡豆，其尾韻會有明顯的黑巧克力味，有些更有著討喜的藍莓似的發酵類果香及紅酒似的質感，在Harar這裡出產的摩卡較有機會發現這樣的風味表現。
栽培樹種	摩卡種（Mokka，包括原生種短圓形豆Shortberry及原生種長形豆Longberry），還有其他多種原生型樹種。

葉門 Yemen

產區	Bany Matar、San'a、Hiraz、Dhamar、Raimi（亦拼作Raymah）等，出口品項同產區名，如Mattari Mocha來自Bany Matar產區、San'ani Mocha來自San'a產區、Hirazi Mocha來自Hiraz產區；另外有一種特殊的小顆粒品種Ismaili Mocha（產自Hiraz區中）則是例外地以咖啡樹品種命名。
生豆處理方式	乾燥式（日曬法）
分級方式	葉門沒有明訂出口的咖啡豆等級，皆以品名輸出。各貿易商有各自的級別標示。
最佳賞味烘焙度／風味特徵	葉門的摩卡咖啡豆向來在國際精品咖啡市場上佔有崇高的地位，「摩卡」（Moka、Moca、Mocca、Mocha、Mokha）一名得自於古時的摩卡港〔Al-Makha），在當時幾乎所有該國的咖啡豆都經由此港輸出。此外，雖然各產區出產的咖啡豆在風味上一點些微差異，不過大致上主要風味特性相近，為了出口時的便利，便統稱為「摩卡」。產區風味特徵以辛香料、水果乾、發酵類酒味、皮革味、土壤味及最為人稱道的高級黑巧克力味為主；處理得不錯的San'ani Mocha中，可以找到非常明顯的杏桃類水果香，但醇厚感稍薄，在Mattari Mocha中，發酵類酒味與黑巧克力味會特別突出，Ismaili Mocha則是增加了濃郁的成熟水果香及小荳蔻、鼠尾草等香料味，後兩者的醇厚感表現近似於牛奶般的質感。在淺焙時，葉門摩卡的主要風味特性出現較少，因此一般都會將葉門摩卡烘焙到至少Full City或更深一些的焙度，以取得其風味表現的最大值。
栽培樹種	Typica、Bourbon、其他十餘種本地品種（包括Ismaili的小粒品種）。

肯亞 Kenya

產區	環繞在肯亞山（Mt. Kenya，火山）及艾爾崗山（Mt. Elgon）之間，較著名的產區有Meru、Thika、Nyeri、Nakuru、Embu等。
生豆處理方式	水洗式為主
分級方式	以顆粒大小來分級，再由杯中表現界定其實際價值。最大顆粒的是E等級（是巨型的大象豆），其次是一般所熟知的AA級（留在7.2mm篩網上的大顆粒豆）、A級（留在6.8mm篩網上的次大顆粒豆）、B級（留在6.2mm篩網上的中型顆粒豆）、C級（小於B級的所有小顆粒豆）、PB（橢圓形顆粒豆），以及過輕、過小的TT及T級豆。A級與B級豆會被混在一起出口，稱為AB級。再以杯中表現來區分，由優至劣為Fine、Fair to Good、Fair Average Quality（FAQ）、Fair、Common Plain Liquors。由拍賣系統選出的精品級咖啡則會特別冠上「AA Top」、「AB Top」的標示，但實際嚐起來如何，還是得經過杯測才知道。出口品項有一般商業用豆（不列出生產莊園或合作社名，僅列出口等級AA、AB等等），平價莊園豆、以及拍賣會上競標出售的高級豆（一樣有AA、AB的等級，但皆有莊園或合作社名稱）。
最佳賞味烘焙度／風味特徵	肯亞的咖啡具有非常多樣的風貌，最具代表性的有三類。首先是傳統的藍莓、烏梅味型，第二種是柑橘、花香型，第三種則是深沉穩重型，當然也有全方位表現都很搶眼的肯亞，只是這種咖啡豆在市面上極難見到，必須更花心思尋找，且索價必定不菲。淺度烘焙的肯亞咖啡豆，風味中的上揚花香、果香會較突出，酸味刺激有勁，與甜味相結合時，會使人有在喝果汁的錯覺；中度烘焙是肯亞咖啡各種風味兼能展現的階段，酸味不再那麼尖銳，且會發展出較多香料、紅酒似質感，肯亞豆的優劣在這一階段就可以分出高下；假使烘焙得宜，深焙階段的肯亞以單品沖煮會帶有明顯的煙燻烏梅味，以Espresso沖煮則會展現出強烈的巧克力糖漿味。
栽培樹種	主力品種是人工育種的SL-28及SL-34，另外還有Blue Mountain Typica、Bourbon、Kent、K-7、Ruiru 11等品種。

坦尚尼亞 Tanzania

產區	北部產區銜接肯亞、南部產區鄰近馬拉威，有兩種截然不同的風味特性表現。坦尚尼亞咖啡最為人熟知的名字是「吉力馬札羅」（Kilimanjaro）這個招牌，位於北部產區Moshi，靠近肯亞的吉力馬札羅火山；同屬北部產區者還有靠近美魯山（Mt. Meru）旁的Arusha。南部產區則以Songea、Ruvuma兩處為主。
生豆處理方式	水洗式為主
分級方式	與肯亞的分級方式接近。PB代表橢圓形豆，AAA級是最大顆粒豆，次大顆粒豆是AA級，，接著是A級豆、C級豆及其他未列明等級。
最佳賞味烘焙度／風味特徵	北部產區由於地理位置接近肯亞，因此某些特質與肯亞咖啡相近，酸味較明亮、滋味豐富且醇厚度較稀薄是普遍的印象，某些出色的北部坦尚尼亞豆的杯中表現，會令人聯想到橘子果汁的味道，還會帶有一些肯亞豆的莓果風味；南部產區則剛好相反，有著低酸味、黏厚的醇厚度，以及悠長的後味。坦尚尼亞出產的咖啡豆常可發現類似禽鳥的野性風味（Hidey），是東非咖啡典型風味之一。適合以City+至Vienna的烘焙度來詮釋。
栽培樹種	Kent、Bourbon、Nyara Typica、Blue Mountain Typica（牙買加藍山產區移植過來的Typica）等。

蒲隆地 Burundi

產區	蒲隆地以其戰鼓演奏聞名於世，蒲國的咖啡豆統一以Ngoma這個品牌行銷，該字即為「鼓」（Drum）的意思。除了少部分地勢較低的地方種植羅布斯塔種咖啡樹，全境海拔高於1250公尺的區域都種植阿拉比卡種咖啡樹，最集中在中北部高原的Buyendi產區。
生豆處理方式	水洗式為主
分級方式	以顆粒大小分級，最高等級的水洗式精選咖啡才會冠上Ngoma的品牌，顆粒大小必須在7.1mm篩網上停留；水洗式AA級亦是停在7.1篩網的大顆粒豆，A級是停在6.5mm篩網上的中大形顆粒豆，B級是停在5.5mm篩網上的中形顆粒豆，PBB等級則是橢圓形豆及斷裂豆合併的等級，停留在3～4mm篩網上。半洗式最高等級為AB，包括停留在7.1mm及6.5mm篩網上的大形及中大形顆粒豆，接著是C級，停留在5.5mm篩網上的中形顆粒豆，PBB等級則是橢圓形豆及斷裂豆合併的等級，停留在3～4mm篩網上。
最佳賞味烘焙度／風味特徵	由於蒲隆地亦是內陸國家，必須藉陸運轉進鄰國坦尚尼亞的港口Dar Es Salaam才能出口，假使在處理過程、儲存環境及運輸中都沒有缺失的話，蒲隆地咖啡應有明亮但不強的酸味及花香氣，較少果香，醇厚度中上，在中度至深度烘焙階段會有不錯的黑巧克力苦甜味，在隱約中透出的野性風味，讓你可以分辨出這是一支來自東非的咖啡豆。與來自辛巴威及尚比亞的咖啡豆有著較接近的風味特徵，但因該國長期的種族內戰問題，市面上難買到蒲國產的咖啡豆。
栽培樹種	Jackson Bourbon、Mibirizi。

辛巴威 Zimbabwe

產區	Mutare及Chipinge，位在緊鄰莫三比克邊界的東部高地上。
生豆處理方式	水洗式為主
分級方式	水洗式的最高等級稱為Pinnacle，是留在7.54mm篩網上的特大顆粒豆，接著是AA Plus（7.14mm）的大顆粒豆、AB Plus（6.35mm）的中型顆粒豆以及橢圓形的PB Plus（4.76mm）；次等的水洗式等級從AA FAQ（7.14mm）的大顆粒豆，到AB FAQ（6.35mm）的中型顆粒豆，以及PB FAQ（4.76mm）。
最佳賞味烘焙度／風味特徵	真正優秀的辛巴威莊園咖啡，其風味均衡度是極受讚賞的，所謂均衡並不表示沒有特色，而是擁有各種怡人的風味特性，搭配起來互相協調不搶味。在好的辛巴威莊園咖啡中，可以找到適度不過強的柑橘類酸味、飽滿豐富的滋味，以及中上表現的醇厚感，加上東非咖啡的典型野性風味。但是在國際市場中仍有許多次等貨流通著，實際品質如何還是得靠杯測決定。適合以City到Full City之間的烘焙度詮釋。
栽培樹種	Blue Mountain Typica、SL-28、Caturra及Agaaro等樹種。

盧安達 Rwanda

產區	東側的納格拉國家公園（Nagera National Park）是自然保育區禁止開發外，種植咖啡樹的區域遍及全國，較大的產區分布在西側剛果民主共和國邊境的基無湖（Lake Kivu）一帶。
生豆處理方式	水洗式
分級方式	以顆粒大小分級，目前市面上僅見AA及A級豆，其他等級較少出現。
最佳賞味烘焙度／風味特徵	品質優良的盧安達咖啡，有著如蘋果西打般的明亮酸味、花果類香氣，有時還能察覺到明顯的核桃、水煮花生香氣，滋味中帶著類似肯亞咖啡的莓果味，醇厚感中等，在不同的烘焙深度更有不同的風味表現，是一款很有趣的精品咖啡。
栽培樹種	Bourbon、Typica為主。另有Harrar；POP3303/21；Jackson 2/1257；BM139等品種。

烏干達 Uganda

產區	東側艾爾崗山（Mt. Elgon）的Mbale及西側靠近剛果民主共和國邊界一帶的其他產區，則以Wugar為出口名。
生豆處理方式	標示Bugisu品名的是以高品質水洗式處理的Arabica種咖啡豆，Wugar也是水洗處理，但品質不如前者，Drugar則代表傳統非水洗式處理的Arabica種咖啡豆。
分級方式	官方列明的等級有Organic（有機）、Bugisu AA、Bugisu A、Bugisu B、Bugisu PB、Wugar、Drugar及其他未列明等級。
最佳賞味烘焙度／風味特徵	要找到表現優良的烏干達咖啡，就必須先認明Bugisu AA、A及PB三種等級，不過由於該國地處內陸，運輸問題較多，因此時常會拿到含水率偏低、外觀不翠綠的生豆，不過烏干達咖啡不是強調上揚香氣的咖啡類型，只要生豆不是已經轉白或泛黃，大體上都能有不錯的產區風味表現，有著低沉的水果熟香、如紅酒的滋味，加上厚實的醇厚度，與某些風味調性低沉的肯亞豆相近，不過還會帶點溫和的土壤味，因此在風味特性上與東非其他產國的差異較大，反而有點類似亞洲印尼蘇拉維西・托拿加咖啡（Sulawesi Toraja／Celebes Kalossie）以及爪哇國有莊園咖啡。以City+至Full City+之間的烘焙度詮釋較佳。
栽培樹種	Kent、Bourbon、Typica、Arusha及一些農改的新品種。

馬拉威 Malawi

產區	圍繞在北部大城Mzuzu周邊，有Misuku Hills、Phoka Hills、Viphya North Area、Southeast Mzimba Area、Nkhata Bay Highlands等產區。
生豆處理方式	水洗式
分級方式	以顆粒大小分級，市面上僅出現過AA級的馬拉威精品豆，其他無相關資料。
最佳賞味烘焙度／風味特徵	被認為是類似肯亞咖啡的類型，但是馬拉威咖啡有著不錯的花香、酸味柔弱優美，醇厚度中等。
栽培樹種	Catimor、Agaaro、Geisha、Mundo Novo、Blue Mountain Typica及Cattura。

尚比亞 Zambia

產區	北部Muchinga山脈附近的Nakonde、Kasama及Isoka產區，還有首都Lusaka周邊。
生豆處理方式	水洗式
分級方式	以咖啡豆顆粒大小來分級，AAA是最大顆粒豆，接著是AA級、AB級、PB級及其他更小顆粒等級。篩選條件近於肯亞。
最佳賞味烘焙度／風味特徵	運輸問題是許多內陸產國共同的困擾，尚比亞也不例外，要在產地之外找到一批真正優秀的尚比亞咖啡有點困難，因此必須多方嘗試後才能比較出差異。優秀的尚比亞咖啡若沒有運輸及儲存等問題，杯中表現會有不錯的明亮度、帶有焦糖、麥芽的滋味，醇厚感中上，另外還能發現一股野性風味，帶點鼠尾草及皮革類的味道，是東非咖啡豆的典型特徵。
栽培樹種	Bourbon種為主，以及來自坦尚尼亞及肯亞的多種樹種。

英屬聖海倫那島 Island of St. Helena

產區	島上莊園分布在五處，分別是北部的Blueman's Estate、中部的Napoleon Valley's Estate、Mt. Actaeon Estate、南部的GW Alexander（Bamboo Hedge）Estate及Coffee Ground Estate，各有些微差異，但都是市面上極高水準的咖啡豆。
生豆處理方式	最高標準水洗式處理
分級方式	無，全以莊園名行銷。
最佳賞味烘焙度／風味特徵	雖然五個莊園各有些微風味差異，但大致上都有共同的幾項特徵，有著活潑多變的水果酸味、適度的焦糖甜感、上揚的花果類、柑橘類香氣，精細的處理過程，讓聖海倫那的咖啡完全沒有缺陷味，醇厚度表現中上，將葉門豆血統發揮得淋漓盡致，尊貴身價與零缺點的風味，是咖啡之最。
栽培樹種	Green Tipped Bourbon（葉門圓形小顆粒品種）。

亞洲及大洋洲

亞洲區的精品咖啡豆大多是酸味、香氣較低沉、醇厚感較高的風味特性，殖民時期經由歐洲殖民者的開發，在亞洲許多國家都有咖啡栽植的蹤跡。亞洲豆是調配Espresso不可或缺的重要元素之一，當作單品飲用的接受度也極高。但若以處理精細度而論，除了少數產國（如新幾內亞、印尼・爪哇島、印度等國）因為有歐、美人士推動精緻化的生豆處理之外，亞洲整體的生豆處理水準偏落後，且比美洲及非洲產區的處理純熟度還低，因此以國際宏觀的角度來看，亞洲豆的售價不應過高，否則難以跨入世界精品咖啡的舞台。

大洋洲區的精品咖啡多屬島嶼類型風味特徵，擁有不過於刺激的酸味、適度的甜味，以及清爽的香氣，醇厚度表現中規中矩，風味均衡性高、溫和不刺激是其給人的主要印象。

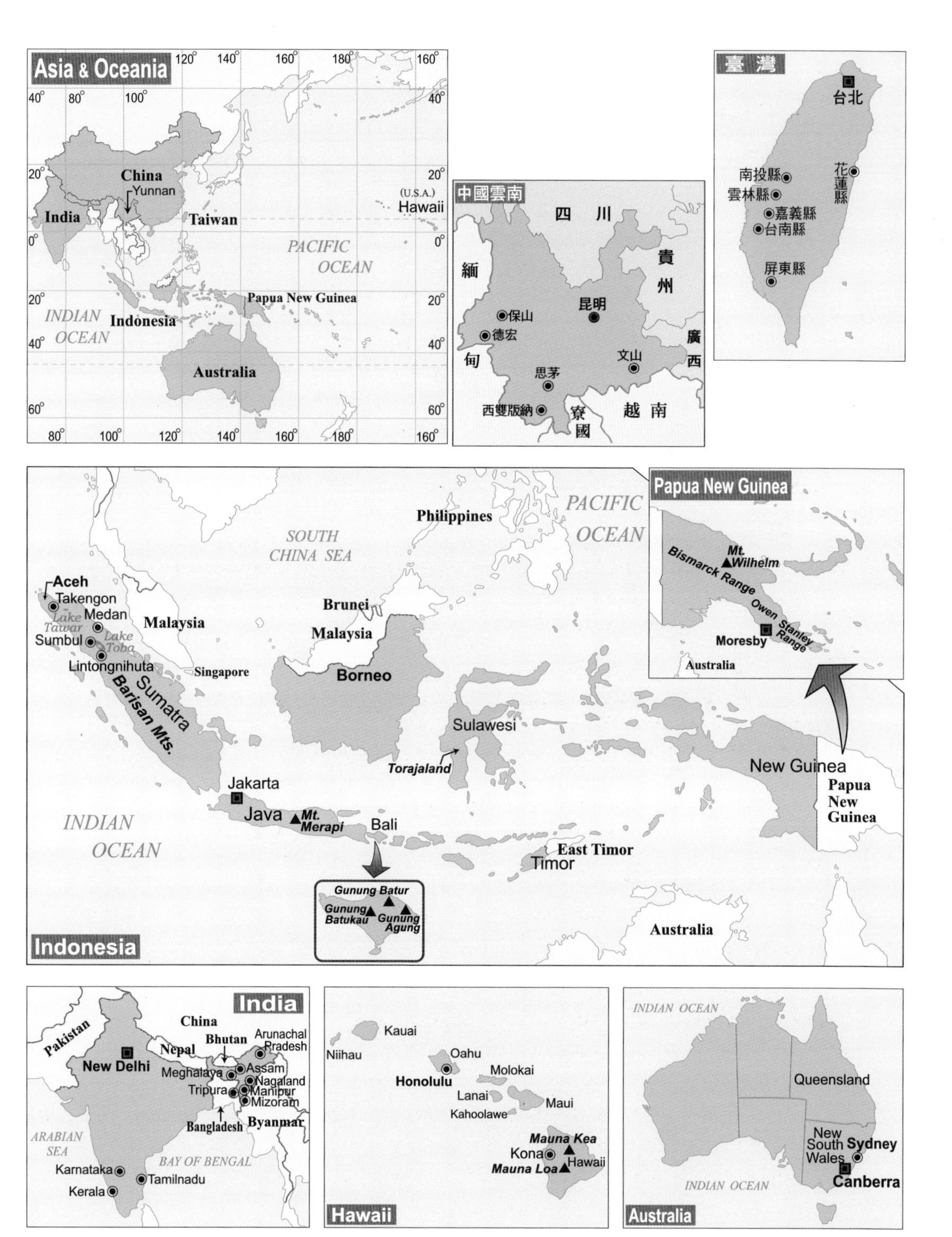

▲亞洲及大洋洲地區產國全圖。

印尼・蘇門答臘島 Indonesia Sumatra

產區	蘇門答臘島上最具盛名的就是曼特寧（Mandheling）咖啡，以及名氣稍微弱一點的林東（Lintong）咖啡，但是前者的品名既不代表產區，也不代表莊園，與咖啡樹品種更是毫無瓜葛，主因是這個產國一向使用較粗糙的生豆處理方式，因此不論產自哪個產區，喝起來都很接近。主要產區有托巴湖（Lake Toba）週邊，其西南方有個次產區Lintongnihuta，就是生產林東咖啡的來源地，另外還有Sumbul、Takengon等次產區，北部鄰近塔瓦爾湖（Lake Tawar）的亞齊省也是一個很大的產區。
生豆處理方式	以傳統乾式處理法〔但實際做法較接近半洗處理法〕為主，採收後將外果皮及大部分果肉部分去除，不加水進行「乾式發酵」（Dry Fermenting），如此進行一整夜之後，再把發酵後的黏膜清洗掉，進行後續處理，這種方式與非洲的日曬式處理不同之處，在於純日曬式是以整顆咖啡漿果曬乾，未去掉果皮、果肉，且過程中完全沒用到水；但由於一般曼特寧後期的篩選品質差異甚大，僅有少數由日本及歐、美財團資助的咖啡園、處理場才會做較高品質的篩選，以及較高水準的全水洗式處理，讓豆貌看起來更整齊。
分級方式	以顆粒大小及缺點數分級，Gr. 1是最高出口等級，但豆貌通常都是其貌不揚，與實際品質無直接關係，必須靠杯測決定；近來也有一些小規模的精品曼特寧單一莊園（Estates）出現，也是不錯的選擇。
最佳賞味烘焙度／風味特徵	有許多以曼特寧為名出口的蘇門答臘咖啡，豆貌外觀奇醜無比，卻也有著非常特異的產區特性：類似藥草、菇蕈類及土壤類氣味，酸味低沉內斂，甜味如糖漿、醇厚度高，較常被烘焙至較Full City～French之間深焙的階段，更加重了甜味及醇厚度的持久性，頗受歐、美及台灣老一輩的喜愛；林東咖啡也是曼特寧的一種，但特性與其他曼特寧有點差異，熱帶花朵香以及藥草香味是主體氣味，酸味亦低沉柔和，醇厚度比一般曼特寧稍低一些，但仍具非常高的黏稠性，甜味如水果糖般，是蘇門答臘曼特寧的另一種典型，還有一家具有機認證的處理場Gayo Mountain，產品線裡有一項是較精緻化的水洗式曼特寧。 由日商及歐美財團資助製作出的蘇門答臘曼特寧，則有一種較乾淨的特性，有著比傳統曼特寧更透明的酸味，但仍稱不上尖銳，精細處理及篩選的成果則是將較具混濁感的土壤類及菇蕈類的味道去除了，多出來水處理法的上揚發酵類花果香味，醇厚度雖被犧牲掉一些，但也屬中上的表現，可以更清楚地感受甜味與酸味的層次變化，這類經由嚴苛標準製作出來的曼特寧，較著名的如日本商社出品的黃金曼特寧、歐美財團投資出產的則以伊肯達三度揀選曼特寧（Iskandar Triple-Picked Mandheling）以及塔瓦爾湖三度揀選曼特寧（Lake Tawar Triple-Picked Mandheling）較有名，篩選水準也較整齊，這三者售價也比一般曼特寧高出許多，但在較淺度烘焙階段也能有非常漂亮的香味與酸甜味表現，這是傳統曼特寧較欠缺的特質。也有其他來源標榜是三度揀選（簡稱Mandheling TP），但是外觀的落差較大，不過從裡面挖到寶時，是非常實惠的。
栽培樹種	Sumatra Typica

印尼・蘇拉維西島 Indonesia Sulawesi

產區	蘇拉維西島又稱為席麗碧（Celebes）島，是荷蘭殖民時期該島的舊稱。此島上僅有一處主要產區Torajaland，出產的咖啡有的稱為Toraja，有的則稱Kalossie。
生豆處理方式	傳統式的半洗處理法，同曼特寧。另外也有少部分的單一莊園，採用全水洗式處理法。
分級方式	Gr. 1是最高出口等級，但與實際品質並無關係，必須靠杯測決定。
最佳賞味烘焙度／風味特徵	接近蘇門答臘島上的曼特寧，但風味的乾淨度更好，有著低沉的酸味、焦糖巧克力甜及夏威夷豆的特殊滋味，醇厚度如糖漿般的厚重質感，也帶有曼特寧的藥草香。
栽培樹種	Sumatra Typica。

印尼・巴里島 Indonesia Bali

產區	主要產地集中在島東部的Gunung Agung火山附近。
生豆處理方式	水洗式
分級方式	Gr.1是出口最高等級。
最佳賞味烘焙度／風味特徵	與鄰近的爪哇島國營莊園水洗式處理咖啡豆有著類似的風味特徵，但酸味的強度又稍稍高了些，有著柿子般的甜味、丁香及五香粉的風味，脂質含量高，因此醇厚度的表現非常出色。適合以Full City至Vienna之間的烘焙度詮釋。
栽培樹種	Sumatra Typica。

印尼・爪哇島 Indonesia Java

產區	爪哇島自從1696年荷蘭殖民時期開始，便有種植Arabica樹種的記錄，當時由爪哇生產出的咖啡豆被帶回歐洲大陸，貴族、皇室喝過之後驚奇不已，甚至將咖啡這個飲品直接以「爪哇」（Java）來當代名詞；但在1970年代，全島的Arabica咖啡樹都受到葉鏽病（Leaf Rust Disease）感染，島上的Arabica樹種全被砍除，改種抗病性高，但風味較差的Robusta樹種，但後來國營的莊園又引進Arabica樹種復育，爪哇才又重新回到精品咖啡生產者的行列。
生豆處理方式	國有莊園幾乎都是水洗式處理法，也有少數的陳年處理豆。
分級方式	Gr.1是出口最高等級。
最佳賞味烘焙度／風味特徵	爪哇島國有莊園的Arabica種咖啡，在主體風味上共有的特徵是低調、穩重的酸味、缺少傳統半洗法曼特寧之類的土壤、菇蕈風味，但卻也擁有非常高的醇厚度，因此以單品享用會是乾淨、無野性風味的一杯咖啡。使用在有名的摩卡-爪哇（Mocha-Java Blend）中，中性風味的爪哇豆帶有豐厚的脂質，將個性強烈的摩卡豆領向一個更成熟的韻味。國有莊園之間也不是沒有差異，像是Blawan有著最中性的核果、木質風味表現，Jampit在中深焙階段則會出現較多辛香料味，而Kayumas則是酸味較清新明亮、油脂味較少，核果風味也明顯，但較沒有沉重的木質風味。
栽培樹種	Sumatra Typica、Catuai、Catimor。

印度 India

產區	主要產區有南部傳統產區的Karnataka、Kerala、Tamilnadu，以及東側新興產區Andhra Pradesh、Orrisa，東北部Assam、Manipur、Meghalaya、Mizoram、Tripura、Nagaland、Arunachal Pradesh等。
生豆處理方式	水洗式處理法、非水洗式處理法、風漬陳年處理法。
分級方式	印度的出口命名系統稍微特殊了點，水洗式Arabica種稱為Arabica Plantation，依大小、形狀分為A、B、C、PB等等但以A級、PB級堪稱精品豆，以Mysore Nuggets Extra Bold為最高出口品牌；非水洗式Arabica種稱為Arabica Cherry，其中以AB級、PB級品質較佳；印度也出產高品質的水洗式Robusta，統稱為Robusta Parchment，AB級、PB級品質較佳，以Kaapi Royale這個品牌最有名；非水洗式Robusta種統稱為Robusta Cherry。另外較特殊的風漬陳年豆部分，最著名的是Monsooned Malabar AA，另外還有Monsooned Basanally、Monsooned Triage以及Monsooned Robusta AA、Monsooned Robusta Triage等。
最佳賞味烘焙度／風味特徵	印度水洗式Arabica豆有著低沉可口的酸味，中等偏高的醇厚感，風味中的堅果、花生味明顯，有些單一莊園甚至帶有少許類似薑黃、咖哩粉的香料味，到了中深度烘焙階段會有很豐厚的油脂感，由於採水洗式處理，風味普遍比印尼的曼特寧乾淨許；特殊的風漬陳年豆Monsooned Malabar的酸味非常柔弱，醇厚度高，核果、花生味非常明顯。適合以City～Full City之間的烘焙度詮釋，再深的烘焙度，會將印度豆特別厚重的油味提高許多。
栽培樹種	Kent、Cioccie、Agaaro、CxR、S-795、Cauvery（Catimor）、Sin-9。

巴布亞新幾內亞 Papua New Guinea

產區	巴布亞新幾內亞位在南太平洋的新幾內亞島東半部，西半部則為印尼屬地Irian Jaya省，主要產區皆位於島上東半部的高原上，出產的咖啡豆簡稱為PNG。
生豆處理方式	水洗式處理、傳統式處理。
分級方式	依顆粒大小及瑕疵豆比例分級。分為大型莊園出產的特優A級（大於17號篩網且平均每公斤生豆瑕疵數低於10單位）、次為小農園生產的X級（大於15號篩網且平均每公斤生豆瑕疵數低於20單位），之後為期貨型的Y級豆（顆粒大小混雜，平均每公斤生豆瑕疵數低於35單位），另有精選小圓豆PB等級（介於11～14號篩網大小的顆粒，平均每公斤瑕疵數低於10單位）。
最佳賞味烘焙度／風味特徵	產自大型農莊及莊園的水洗式巴布亞新幾內亞咖啡，與其他亞洲豆在風味上大異其趣，除了酸味明亮度較高，另外還帶有如甘蔗的甜香，甜味爽口不膩，醇厚度中等偏高，整體表現反而有點類似中美洲的咖啡豆，在精品咖啡豆的圈子裡是常客，較知名的有Sigri、Kimel、Arokara，最近在台灣逐漸打開知名度的Paraka莊園，其實在北歐豆商眼裡早已是炙手可熱的優秀PNG，只是產量不若前三者多。另外也有許多小農園依傳統式處理法製作出的咖啡豆，帶有些微的野性風味，有點類似印尼曼特寧，又有點像衣索比亞的哈拉爾摩卡，十分有趣，不過品質的落差很大，時常會碰到發酵過頭（fermented）的地雷豆。適合以City～Full City＋之間的烘焙度詮釋。
栽培樹種	Blue Mountain Typica、Sumatra Typica、Caturra、Arusha、Mundo Novo。

夏威夷州咖啡豆分級規範表

等級 篩選項目	Extra Fancy Hawaii Kauai Kona Maui Molokai	Fancy Hawaii Kauai Kona Maui Molokai	No. 1 Hawaii Kauai Kona Maui Molokai	Estate Select Hawaii Kauai Kona Maui Molokai	Prime Hawaii Kauai Kona Maui Molokai
顆粒大小	Type I平豆： 19號篩網 Type II圓豆： 13號篩網	Type I平豆： 18號篩網 Type II圓豆： 12號篩網	Type I平豆： 16號篩網 Type II圓豆： 10號篩網	無規範	無規範
瑕疵容許率	8個完整缺點數 ／300g	12個完整缺點數 ／300g	18個完整缺點數 ／300g	總重量的5%	總重量的5%
生豆含水率	9%~12.2%	9%~12.2%	9%~12.2%	9%~12.2%	9%~12.2%
乾淨度	良好	良好	良好	良好	良好
色澤	整齊的翠綠	整齊的翠綠	整齊的翠綠	無規範	無規範
烘焙著色均勻度	良好	良好	良好	無規範	無規範
杯中香氣風味表現	良好	良好	良好	無規範	無規範
非標準顆粒含量	少於3%	少於3%	少於3%	無規範， 或少於3%	無規範， 或少於3%

中國・雲南 China

產區	主要集中於雲南省南部及西南部的思茅、西雙版納、文山、保山、德宏等地區。
生豆處理方式	水洗式
分級方式	不明
最佳賞味烘焙度／風味特徵	雲南咖啡在初問世時，筆者曾親自烘焙並沖煮過，那時給我的印象並不是十分出色的咖啡豆，一方面在那時生豆的處理水準並不高，另一方面則可能是因為生產者並未注意到儲存環境的影響，兩個因素相加之下，才使得筆者有此不是很好的第一印象。近年來又再度有機會試到來自版納的雲南豆，發現處理水準比當初提升了許多，將野性、濁、雜的風味降低了，但是保存狀態仍然不是很理想，喝得出存放不良的倉庫、麻袋味，未來若能繼續在保存方面加強，雲南咖啡也許會獲得更多消費國的重視。適合以City~Full City之間的烘焙度詮釋。
栽培樹種	Typica、Bourbon、Catimor。

台灣 Taiwan

產區	主要分布於台灣的雲林縣、南投縣、嘉義縣、台南縣、屏東縣、花蓮縣等地。
生豆處理方式	印尼傳統式半水洗法、巴西新式黏膜發酵處理法、全水洗法、日曬法皆有
分級方式	無相關制度
最佳賞味烘焙度／風味特徵	台灣在日據時代開始有種植咖啡的記錄，但期間受到許多因素影響，原本種植咖啡樹的區域大多改種經濟價值較高的茶樹，時隔數十年，由於台灣本島又再度被掀起對咖啡這種飲品的狂熱，台灣的咖啡種植才又重新受到重視，但是相關的生豆處理技術卻早已遠遠落後許多中、南美的開發中國家一截。近年來成立的台灣咖啡協會，雖然對於一些已知資訊的中文化有一定貢獻，但是最關鍵的生豆處理技術以及整體品質提升方面，卻未見建樹，使得目前台灣的咖啡農仍必須靠單打獨鬥的力量，加上對生豆處理知識的一知半解，生產出品質高低落差極大的台灣咖啡豆。在一些處理得不錯的批次中，筆者試過最佳表現者，有著近似於夏威夷Maui島咖啡的特性，有著清新牧草香以及溫和可口的酸甜味，但由於生長海拔不是很高，因此風味強度偏薄弱了些。適合以City～Full City＋之間的烘焙度詮釋，由於台灣咖啡豆的本質風味是屬於清淡型，若再繼續深烘下去，風味可能早已消失殆盡。
栽培樹種	Sumatra Typica、Kona Typica。

美國・夏威夷 Hawaii

產區	由於夏威夷是美國屬地之一，因此薪資水準平均較其他開發中的產國還來得高，在咖啡產業上亦然，換言之由夏威夷出產的咖啡豆，在國際市場上的售價不菲。夏威夷群島的幾個主要島嶼都有種植咖啡樹，其中以大島西側的Kona產區最負盛名，本區的自然地理條件極為優良，除了鄰近的Mauna Loa火山提供了肥沃的土壤，還得天獨厚地享有自然形成的雲霧遮蔽，海拔只有1600～2500英呎高，整體地勢並不高，卻出產風味溫和怡人的高價Kona咖啡豆。其他地區出產的咖啡豆也都由夏威夷州農業局規範，各有其出口的驗證品名，詳見下方表格。
生豆處理方式	水洗式為主
分級方式	詳見下表
最佳賞味烘焙度／風味特徵	夏威夷各島出產的咖啡豆風味各有所擅，但大體上共同有著島嶼型咖啡的特徵：酸味溫和不刺激，帶有中性的核果風味，甜味舒適宜人，但醇厚度中等偏稀了些。大島上Kona產區的各家莊園是夏威夷區咖啡豆最極緻的代表，每年皆由一家名為Gevalia的公司舉辦Kona區的杯測競賽，由國際品評專家們組成評審團，選出每年表現最突出的Kona咖啡豆。近年由於夏威夷遭逢乾旱及氣候變異，2003～2004連續兩年的品質落差較大，但在2005年底的產季又再度豐收，重現往年Kona咖啡的丰采，表現優異的Kona咖啡豆，除了有著前述島嶼豆的溫和特質，在杯中會呈現出乾淨、上揚的牧草香、茶香或花香，如水果般的酸味之後緊接的是如糖霜般的甜味，優雅姿態猶如咖啡中的貴婦。適合以City～Full City＋之間的烘焙度詮釋。
栽培樹種	Kona Typica、Blue Mountain Typica、Yemeni Moka。

澳大利亞 Australia

產區	東北部Queensland省及東南部沿岸山脈群中的New South Wales省。
生豆處理方式	水洗式
分級方式	類似夏威夷的分級制度，請參考上表。
最佳賞味烘焙度／風味特徵	有著近似於夏威夷Kona咖啡及聖海倫那島咖啡的特質，甜味清爽不膩、酸味溫和可口、醇厚感較稀，雖然喝起來較前兩者多些毛邊，但整體而言也稱得上是高水準的咖啡豆之一。適合以City～Full City＋之間的烘焙度詮釋。
栽培樹種	Kairi Typica、Blue Mountain Typica、Bourbon、Arusha、Caturra、Mundo Novo、K-7、SL-6、SL-14、Kieperson。

中、南美洲及加勒比海

本區在殖民時期由許多歐洲國家開發，且最接近全球咖啡豆消費最大量的美國，由歐美人士就近投資生豆處理設備，直接提升生豆處理水準，整體生豆外觀精緻度是三大洲中賣相最漂亮的。由於全區生豆幾乎是水洗式處理出來的，杯中表現傾向較乾淨的特質、缺陷風味出現的比例較低。只有巴西以及少數產國有使用非水洗式的處理方式。

牙買加 Jamaica

產區	東半部Blue Mountain山區一帶。
生豆處理方式	水洗式
分級方式	顆粒大小與瑕疵比例並行制，近似夏威夷的分級制度，但由高至低依次為No.1、No.2、No.3、Blue Mountain Triage、Blue Mountain PB，其他生長海拔較低者則有High Mountain、Jamaica Prime、Jamaica Select等。
最佳賞味烘焙度／風味特徵	牙買加的藍山咖啡No.1是備受日本人士喜愛的溫和可口型島嶼咖啡豆，因此早期便受日本人大肆收購、壟斷，造成售價普遍偏高，雖然溫和、不刺激的特性是絕大多數人都能欣賞的特點，但卻萬萬不該是售價如此高昂的藉口！當然，品質優異的牙買加藍山豆一定有其特出的香味表現，但很不幸地並非每一個稱為藍山No.1的都能保有這樣的特性。依筆者多次的購買、烘焙及品嚐經驗顯示，Mavis Bank、Old Tavern、Moy Hall及RSW Estates等品牌較有機會找到不錯的藍山豆，前提是必須新鮮、翠綠，而非喪失水份的乾黃老豆。至於Wallenford這個品牌，據國內外專家多年來的經驗指出，是非常容易踩地雷的，因為這個品牌的生豆處理場，位在海拔較低的地區，較不利於生豆處理及保存。最佳烘焙詮釋約在Cinnamon～City＋之間，不宜過深，優質的牙買加藍山必須具備一股特殊、優雅的香水氣韻，吞嚥下之後回吐出的氣令人心醉神迷，但這股氣韻容易因烘焙過度而消散，那就十分糟蹋了。
栽培樹種	Blue Mountain Typica。

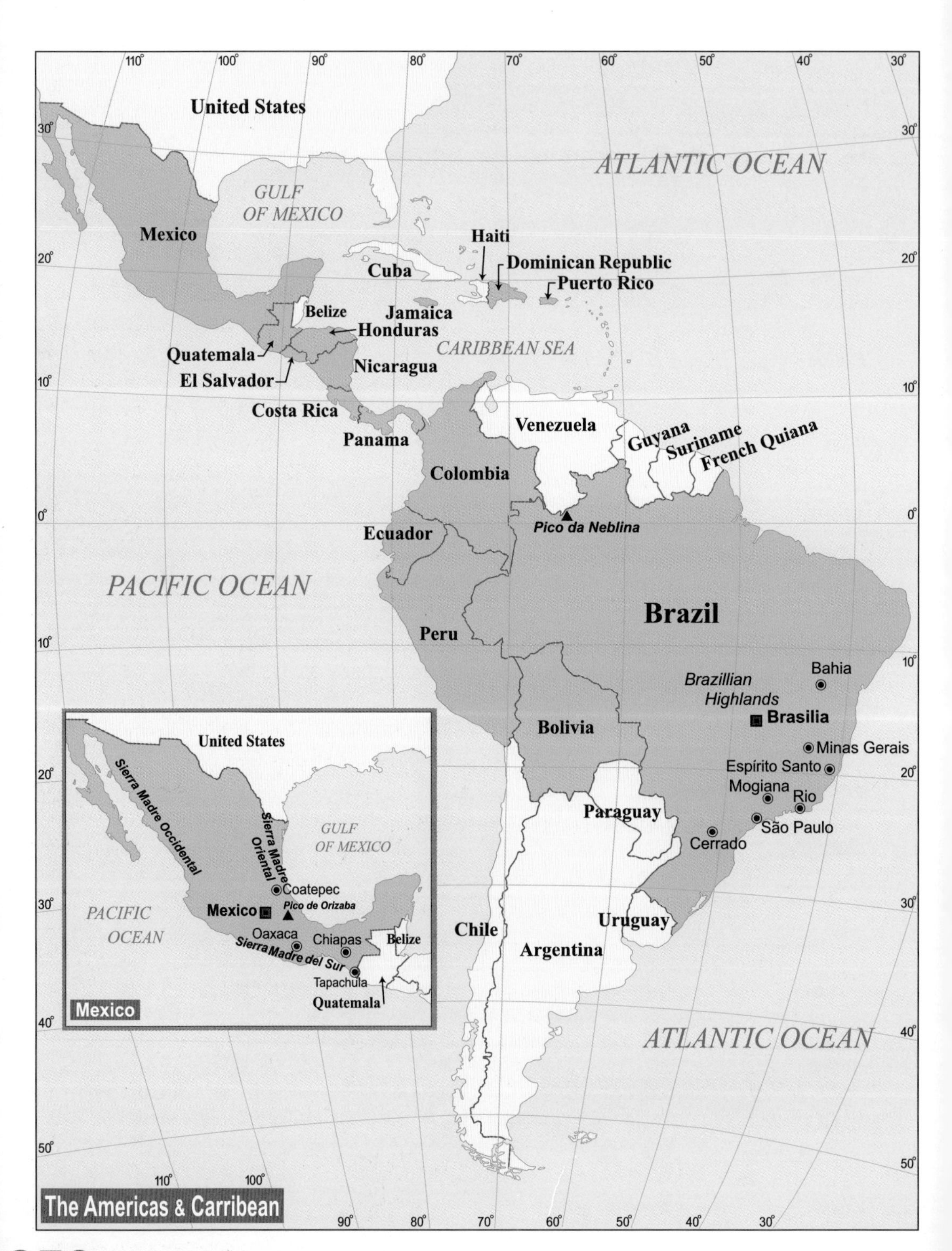

United States
ATLANTIC OCEAN
GULF OF MEXICO
Mexico
Haiti
Dominican Republic
Puerto Rico
Cuba
Belize
Jamaica
Honduras
Quatemala
CARIBBEAN SEA
El Salvador
Nicaragua
Costa Rica
Panama
Venezuela
Guyana
Suriname
French Quiana
Colombia
Pico da Neblina
Ecuador
PACIFIC OCEAN
Brazil
Peru
Brazillian Highlands
Bahia
Brasilia
Bolivia
Minas Gerais
Espírito Santo
Mogiana
Rio
Paraguay
São Paulo
Cerrado
Uruguay
Chile
Argentina
ATLANTIC OCEAN
United States
Sierra Madre Occidental
Sierra Madre Oriental
GULF OF MEXICO
Coatepec
Mexico
Pico de Orizaba
PACIFIC OCEAN
Oaxaca
Chiapas
Belize
Sierra Madre del Sur
Tapachula
Quatemala
Mexico
The Americas & Carribean

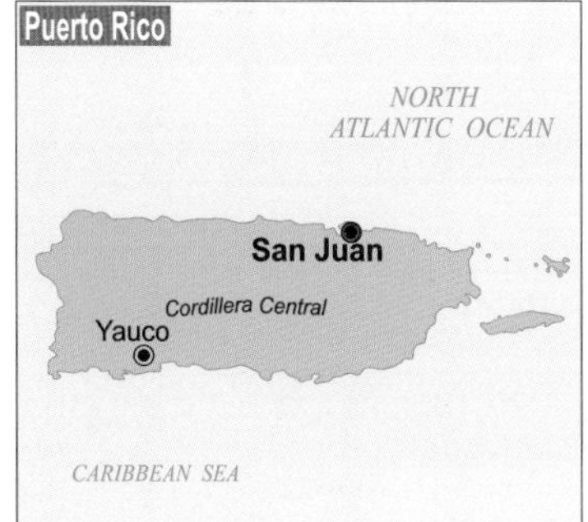

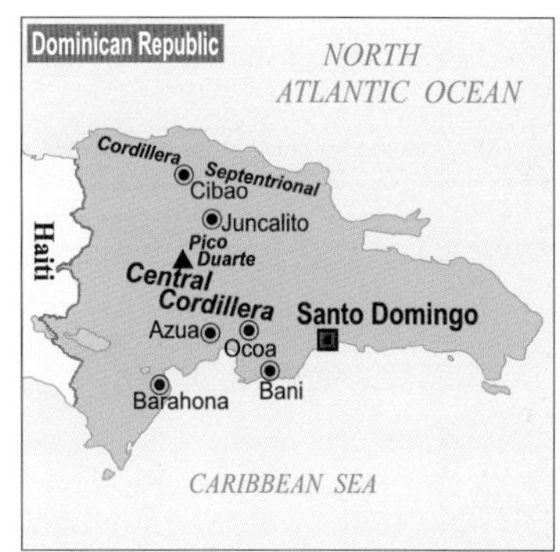

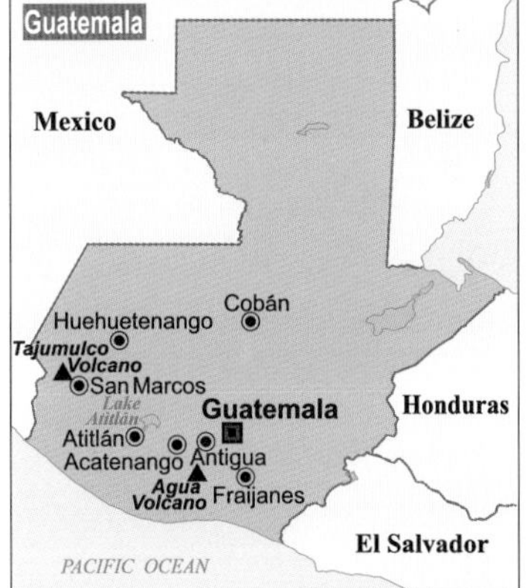

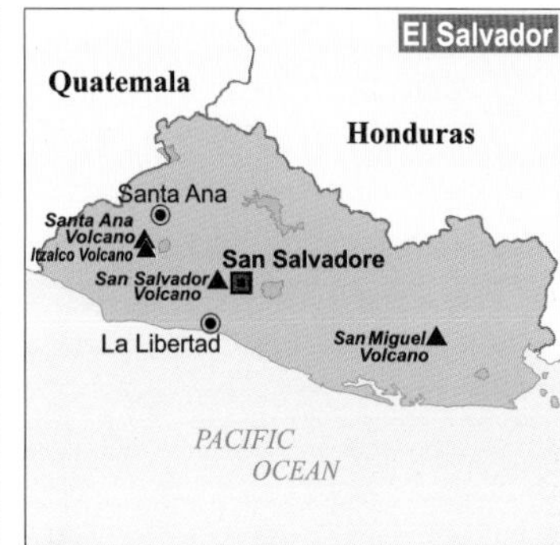

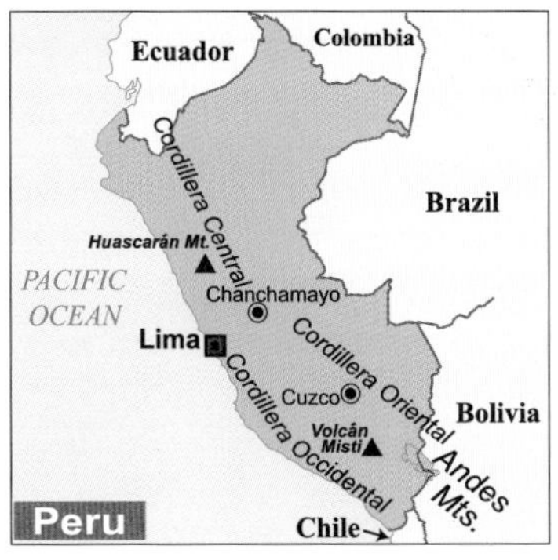

▲中美洲及加勒比海產國全圖。

哥斯大黎加 Costa Rica

產區	主要產區共七個，分別是Tarrazu、Brunca、Orosi、Tres Rios、Turrialba、Valle Occidental、Valle Central等。
生豆處理方式	水洗式為主，少部分莊園會採行巴西的黏膜發酵法（半洗式處理的一種）
分級方式	以生長海拔高度分級。最高者為SHB（Strictly Hard Bean）。但同樣列於此級不代表一定是好咖啡，必須經由杯測分高下。
最佳賞味烘焙度／風味特徵	哥斯大黎加出產著穩定的高品質水洗式咖啡豆，其風味特質以清澈、均衡、複雜多變、帶有蘋果西打及漿果類的清亮酸味，醇厚度中等偏稀薄，甜味清爽不膩。最著名的La Minita莊園，時常有國際品評專家給予高度讚賞，並有「清澈如風鈴」的讚譽，然而近幾年筆者測試到這支哥斯大黎加的代表豆，卻發現品質有逐步下滑的趨勢，反而是有許多原本沒沒無名的莊園異軍突起，亮眼的表現令人詫異。優秀的哥斯大黎加咖啡豆，最佳表現點落在City～Full City之間，再深烘下去則會犧牲掉它應有的香味及複雜度。哥斯大黎加咖啡在溫熱時的表現較不出色，但是若放到室溫時再品嚐，就會發現它細緻優雅的內含。
栽培樹種	Typica、Bourbon、Caturra、Catuai、Criollo、Costa Rica-95。

宏都拉斯 Honduras

產區	精品莊園主要集中於Santa Barbara、La Paz、Francisco Mrazan、Copan、Intibuca、Olancho、Lempira、Choluteca、Cortes、Ocotepenque、Yoro、El Paraiso等產區。
生豆處理方式	水洗式為主
分級方式	依生長海拔高度分級。最高一級為Especial，是精品咖啡等級，而SHG（Strictly High Grown）則次之。必須經由杯測才分得出高下。
最佳賞味烘焙度／風味特徵	宏都拉斯原本並不屬於精品咖啡的生產國，但在Cup of Excellence的咖啡杯測賽帶動之下，近兩年來該國的咖啡莊園逐漸重視咖啡豆品質的提升。由於宏都拉斯全境有80%以上的土地皆為山坡地形，且有多處海拔高度達1,000公尺以上，非常適合精品的Arabica種咖啡樹生長。筆者目前接觸過的宏都拉斯咖啡豆，即使是得獎的莊園豆，豆貌都有待加強，瑕疵率也偏高了點，尚有許多改進空間，未來幾年值得期待。表現優良的宏都拉斯咖啡精品豆，會有黑色水果、蜂蜜及橡木般的香氣，如蘋果、檸檬的酸味，如焦糖、黑巧克力及核桃的後韻變化，醇厚感由稀薄到中等偏高一些，是具有豐富風味特性的咖啡產國之一。適合以City＋～Full City＋之間的烘焙度詮釋。
栽培樹種	Typica、Bourbon、Caturra、Catuai、Pacamara、Agaaro、Lempira、IHCAFE-90、Catimor。

墨西哥 Mexico

產區	主要產區為Coatepec、Oaxaca、Chiapas／Tapachula等。
生豆處理方式	水洗式
分級方式	依生長海拔高度分級。最高一級為SHG（Strictly High Grown）。但同樣列於此級不代表一定是好咖啡，必須經由杯測分高下。
最佳賞味烘焙度／風味特徵	表現優異的墨西哥咖啡，其酸味強度中等，在溫熱時飲用會覺得特色不明顯，但若放到室溫再喝，它的甜味及如奶油般的醇厚感，可是兩大強項。烘焙至City～Full City之間，其上揚的覆盆莓香味會非常明顯。若烘焙至Full City或更深的焙度，就會出現較強烈的奶味及油脂味。靠近瓜地馬拉邊境的高地，其出產的咖啡豆特徵就有點近似瓜地馬拉咖啡。
栽培樹種	Typica、Bourbon、Caturra、Mundo Novo、Maragogype。

波多黎各 Puerto Rico

產區	主要在島上西南山區的Yauco鎮周圍。
生豆處理方式	水洗式
分級方式	依顆粒大小及瑕疵比例高低分級，近似夏威夷的分級制度。最大顆粒為AA級，其次為A級，是市面上較長見的等級。
最佳賞味烘焙度／風味特徵	波多黎各的咖啡豆以Yauco Selecto這個品牌最響亮，它有著典型的島嶼豆特性：圓潤的核果味、溫和、不刺激的酸味，加上如奶油般滑順的醇厚度表現。但這支豆子不耐深烘，因此最佳表現宜為Cinnamon～City＋之間。
栽培樹種	Bourbon、Typica。

多明尼加 Dominican Republic

產區	主要產區為Cibao、Bani、Azua、Ocoa、Barahona與 Juncalito等。
生豆處理方式	水洗式
分級方式	顆粒大小分級制。AAA級顆粒最大（19號篩網）、次為AA級（17/18號篩網）、A級（16號篩網）等。
最佳賞味烘焙度／風味特徵	多明尼加是亦是一個島嶼國家，其咖啡豆也有著溫和柔順的島嶼豆特性。值得一提的是，表現優異的多明尼加咖啡，在City烘焙度下會有不錯的葡萄、蘋果酸味，整體風味乾淨而透明，在水果酸味之後緊接著的是香草及五香粉的尾韻。多明尼加咖啡也適合烘焙至Full City～French等深焙階段，將稍明亮的酸味降低，也有不錯的風味呈現度。
栽培樹種	Bourbon、Typica、Caturra、Catuai、Pacamara、Mundo Novo。

瓜地馬拉 Guatemala

產區	最著名的就是Antigua產區，其他主要產區的能見度也日漸提高中，有Huehuetenango、Atitlan、Coban、Fraijanes、San Marcos、Acatenango等。
生豆處理方式	水洗式
分級方式	以生長海拔高度分級。最高者為SHB（Strictly Hard Bean）。但同樣列於此級不代表一定是好咖啡，必須經由杯測分高下。
最佳賞味烘焙度／風味特徵	瓜地馬拉的咖啡豆有非常多元的風貌，有的表現四平八穩，有的香甜易飲，有的則有令人痛快的酸味、有的又有細膩如絲的表現，有的更以輕飄飄的花果香氣見長……，不論是哪一類型，都是瓜地馬拉咖啡引人入勝之處。適合以City～Full City＋之間的烘焙度詮釋，但是Antigua區的咖啡豆在進入Full City之後，會浮現一股如煙草般的尾韻，相當厚重，若不喜愛這類味道者，請盡量選購較淺烘焙的Antigua咖啡豆。
栽培樹種	Typica、Bourbon、Caturra、Catuai，Pache、Maragogype。

哥倫比亞 Colombia

產區	哥倫比亞是全球第三大咖啡豆生產國，與巴西一樣，精品豆的產量僅佔總產量的一小部分而已。主要精品產區為Huila（San Augustin）、Narino、Tolima、Popayan（Cauca）、Valle de Cauca、Meta、Antioquia（Medellin）、Magdelena（Sierra Nevada）、Boyaca、Santander（Bucaramanga）等。
生豆處理方式	水洗式
分級方式	以顆粒大小分級，但豆粒越大不見得杯中表現越好，必須靠杯測來決定。最大顆粒是Supremo（停留在18號篩網上），次大顆粒是Excelso（停留在16號篩網上）。
最佳賞味烘焙度／風味特徵	哥倫比亞的咖啡豆處理水準是一般認為較整齊的，因此不論是商業用的期貨型哥倫比亞豆，或是精品的哥倫比亞豆，都具有乾淨的杯中特質，所謂「乾淨」（Clean Cup）代表的就是沒有因為處理瑕疵而產生的混濁、缺陷風味。但是要找出一支真正優質的精品哥倫比亞豆，就必須從「香氣」及「風味複雜度」著眼。期貨型的哥倫比亞豆大多風味單調，酸味也不怎麼優美，香氣通常會帶有老化的、似澇爾茶的陳年味（Aged），但是醇厚感及甜度就還不錯，一般沒有詳細列明產區、莊園名的哥倫比亞Supremo、Excelso皆屬此類；精品級哥倫比亞的先決條件就是要詳細列出產區及莊園名，其風味的走勢較為活潑有趣，香氣中帶有清新的熟果香及焦糖香，酸味與甜味的結合較協調，有時可察覺出如梅子、白葡萄酒或蘋果西打的酸味調性，在Full City的烘焙深度時會帶有牛奶巧克力的餘韻，醇厚感中等偏高一些，通常以傳統樹種製作出的哥倫比亞豆味道較佳，也較容易在Cup of Excellence咖啡杯測賽中脫穎而出。精品哥倫比亞豆適合以City＋～Full City＋之間的烘焙度詮釋，再深一點的焙度容易產生焦苦味，且會將美味的層次及香氣都磨平。
栽培樹種	Typica、Bourbon、Caturra、Catuai、Variedad Colombia。

薩爾瓦多 El Salvador

產區	精品莊園主要集中在Santa Ana附近的Apaneca-llamatepec Mtn.及Alotepec—Metapan Mtn.兩座山上，以及La Liberdad附近的Balsamo Mtn.及San Salvador Volcano兩座山上。
生豆處理方式	水洗式為主，少部分莊園會採行巴西的黏膜發酵法（半洗式處理的一種）
分級方式	依生長海拔高度分級。最高一級為SHG（Strictly High Grown）。但同樣列於此級不代表一定是好咖啡，必須經由杯測分高下。
最佳賞味烘焙度／風味特徵	薩爾瓦多在尚未舉辦精品咖啡杯測賽之前，一般測得的風味特性都偏單調、少變化性，僅有柔和的水果酸、牛奶般的醇厚感，以及類似牛奶巧克力的餘韻為主要特徵，做為單品享用較缺乏趣味性，因此通常都被加入調配Espresso混和配方中；但在Cup of Excellence舉辦了薩爾瓦多咖啡杯測賽之後，近年來的杯中表現越顯精彩、多變，甚至能與鄰近的瓜地馬拉咖啡分庭抗禮，當作單品飲用也頗能展現其特出個性。適合以City＋～Vienna之間的烘焙度詮釋。
栽培樹種	Typica、Bourbon、Pacamara。

巴拿馬 Panama

產區	精品莊園以位於Volcan Baru附近的Boquete最著名。
生豆處理方式	水洗式
分級方式	以生長海拔高度分級。最高者為SHB（Strictly Hard Bean）。但同樣列於此級不代表一定是好咖啡，必須經由杯測分高下。
最佳賞味烘焙度／風味特徵	巴拿馬的精品咖啡主要有三大類別的風味走向，與品種及生產環境有著密切的關係。第一種是刺激型酸香風味，有較明顯的柑橘、檸檬酸味，似花一般的香氣，醇厚感稀薄，風味稍縱即逝：第二種是均衡優雅型，酸味亮度較前者低了許多，但是整體給人的感覺溫和舒適，香味不那麼刺激，醇厚感中等；第三類則是特殊品種Gesha，風味接近摩卡種的強烈香水似的花香，酸味中等，帶有平衡感極佳的焦糖味及牛奶巧克力味，醇厚感中等，值得一提的是，以這個品種聞名於世的Hacienda la Esmeralda莊園，連續在2004～2006年獲得巴拿馬全國杯測大賽冠軍的殊榮，其2006競標拍賣價也創下當時最高價的記錄（US$50.25／磅）。優秀的巴拿馬精品咖啡，適合以Cinnamon～Full City之間的烘焙度詮釋。
栽培樹種	Typica、Bourbon、Catuai、Caturra、Geisha。

尼加拉瓜 Nicaragua

產區	精品莊園大多集中於Matagalpa、Jinotega及Segovia等產區。
生豆處理方式	水洗式
分級方式	依生長海拔高度分級。最高一級為SHG（Strictly High Grown）。但同樣列於此級不代表一定是好咖啡，必須經由杯測分高下。
最佳賞味烘焙度／風味特徵	尼加拉瓜的咖啡豆風味，在中美各產國之中算是獨樹一格，其香氣走向較偏向松木、巧克力及堅果類的方向，而非輕飄飄的花、果香，酸味也帶有這樣的調調，醇厚感中等，若有機會嘗試尼加拉瓜的咖啡豆，你一定也能清楚分辨出它與其他中美洲咖啡的不同之處。適合以City＋～Full City＋之間的烘焙度詮釋。
栽培樹種	Typica、Bourbon、Caturra、Catuai、Pacamara、Maragogype、Catimor。

巴西 Brazil

產區	巴西是全世界第一大咖啡豆產國，其中有大多數的產量都是低等級的商業用期貨豆及Robusta種咖啡豆，精品咖啡莊園的品質在近五年來提升了非常多，但仍屬於少數。主要精品莊園集中於Sul de Minas、Matas de Minas、Minas Gerais、Sao Paulo、Bahia、Mogiana、Espirito Santo、Cerrado等產區。
生豆處理方式	水洗式、半水洗式、乾燥式及黏膜發酵式處理法皆有
分級方式	以瑕疵比例及篩網尺寸大小來分級。No.2代表是瑕疵數最低的一級，並沒有No.1這個等級！Screen 19是尺寸最大的顆粒。但必須經過杯測才能判別品質高低。
最佳賞味烘焙度／風味特徵	巴西出產的精品咖啡豆，風味特性比其他中美洲咖啡豆來得溫和柔軟許多，但這並不代表它是乏味無趣的，在一些杯測賽得獎或入圍決選的巴西豆中，也能喝得到複雜、多變的層次感，只是酸味較低些罷了。巴西囊括了各式生豆處理方式，因此酸味亮度的表現各有不同，但即使表現最明亮者，也屬於中低酸度的範圍，當作單品咖啡飲用普遍能受一般消費大眾接受，是剛開始接觸精品咖啡世界的一個好選擇；另外由於大多數乾燥處理及黏膜發酵式處理出的巴西豆，本身不可溶性成份含量較高，因此當作Espresso用混合配方豆的基底，會有不錯的效果。2006年的巴西Cup of Excellence咖啡杯測賽，第一名的Fazenda Santa Ines創下全世界有史以來最高的得標價美金49.75元／磅，甚至比名聲響亮的牙買加藍山咖啡、夏威夷可那咖啡都還高出許多的天價！筆者一直以來都對巴西的得獎豆有著不錯的印象，但是像這樣難以親近的驚人天價，雖然讓咖啡農有更大的動力製作出高品質的咖啡，卻又潛藏著一個隱憂，未來想喝到好咖啡，必須付出更大的代價了，這是我們致力推廣精品咖啡豆時最擔心的事，期許未來參與競標者能夠盡早達成這樣的共識，否則將對精品咖啡的市場造成一股不小的衝擊。精品級的巴西咖啡豆，適合以City～Full City間的烘焙度表現，由於巴西豆質地較鬆軟，若經長時間或過深的烘焙，容易將細部的風味層次都磨平，反而會失去應有的風味畫面，因此最好不要烘得太深，才能喝到它的最佳表現。
栽培樹種	Bourbon、Mundo Novo、Caturra、Catuai、Maragogype（巨型的象豆品種）、Icatu、Catimor、Acaia、Cioicie、Geisha、Goiaba、Cera等。

秘魯 Peru

產區	秘魯咖啡幾乎全是有機咖啡，其中品質較佳者多在Chanchamayo這個北部產區可以找到，另外在Norte及南部的Cuzco產區，偶爾也能找到一些不錯的秘魯咖啡豆。
生豆處理方式	水洗式
分級方式	依生長海拔高度分級。最高一級為SHG（Strictly High Grown）。但同樣列於此級不代表一定是好咖啡，必須經由杯測分高下。
最佳賞味烘焙度／風味特徵	要找到真正優質的秘魯咖啡豆具有一定的困難度，但假使你已經具備品嚐的能力，要從數支不同批次的秘魯豆中挑出一、兩支特別好的，就還不算挺難。品質較差的秘魯豆通常是因為要大量生產，所以犧牲掉了生豆處理的細緻度，反映在杯中風味就是容易出現咬舌的草腥味（Grassy）以及鐵鏽味（Rustic）。優質的秘魯豆較難出現在大規模生產的批次中，通常是由規模較小的單一莊園所組成的產銷合作社（Cooperatives）所製作出，缺陷風味相對而言較低，具備中美洲豆的清澈、高酸度及多變化的風味特性，但醇厚感卻普遍比中美洲豆來得好些，有時能察覺帶甜的花香、榛果香氣，如新鮮水果般的酸味，帶有肉桂、藥草等的餘韻，烘焙至Full City時會有類似高級黑巧克力的滋味，適合當作單品Espresso豆或加入配方提升複雜度。適合以Full City～Vienna的烘焙深度表現。
栽培樹種	Typica、Bourbon、Caturra、Pache。

玻利維亞 Bolivia

產區	玻利維亞對於精品咖啡市場來說算是一個新興產國，在2006的Cup of Excellence咖啡杯測賽中也有非常超水準的表現，是一個值得期待的明日之星。精品莊園主要集中於Calama、Caranavi、Carrasco la Reserva、Cauca、San Lorenzo、San Pablo、Taipiplaya等產區。
生豆處理方式	水洗式
分級方式	依生長海拔高度分級。最高一級為SHG（Strictly High Grown）。但同樣列於此級不代表一定是好咖啡，必須經由杯測分高下。
最佳賞味烘焙度／風味特徵	在優質的玻利維亞咖啡豆裡，可以察覺出迥異於其他南美洲豆的風味特性，它可能會有帶甜的活潑花香，類似柑橘及蘋果般的酸味，醇厚感中等偏稀薄，但是卻出奇地會讓人有美妙的生津感，這是筆者多年品嚐的經驗中少有的驚奇，通常只有在品質最好的夏威夷可那還有頂級肯亞莊園豆中才會有這樣的感受，因此只要種植、生豆處理水平都能再提升，假以時日玻利維亞的精品豆必定會大放異彩。適合以City～Full City之間的烘焙度詮釋。
栽培樹種	Typica、Bourbon、Caturra。

附錄B 沖煮技術自修資源

筆者本人主持之咖啡、美食部落格「肆藝」：http://tw.myblog.yahoo.com/4-Arts，歡迎各位讀者前來參觀賜教。

※國內外咖啡知識與技術交流

名稱	地址／電話／網址
貝拉咖啡討論區	台北市八德路二段312巷13號　02-2776-1299　http://www.bellataiwan.com/
歐舍咖啡同學會	台中市五權路2-20號　04-2275-0214　http://coffeeclub.orsir.com.tw/
La Scala義式咖啡館	高雄縣鳥松鄉本館路393-3號　07-370-2799 http://tw.myblog.yahoo.com/scala_pasta/
中正大學湖畔咖啡	嘉義縣民雄鄉中正大學活動中心　05-272-0411轉49132
中山大學美麗之島咖啡版	版聚訊息見咖啡版　140.117.11.2　http://bbs.nsysu.edu.tw/txtVersion/
理約咖啡	台北市中山北路七段191巷21號　02-2872-9167 http://tw.myblog.yahoo.com/Rio-Coffee
季節香茶葉與咖啡烘焙屋	台北縣永和市仁愛路71號　02-8660-4684
爐鍋咖啡	台北市北投區大度路三段296巷39號　02-2891-5990 http://www.wretch.cc/blog/luguo
達文西單車運動休閒館	台北市和平西路一段77號　02-2341-6177
貓・咖啡	桃園市龍安街120號　03-217-1272　Yahoo奇摩部落格「貓老大的咖啡地盤」
CoffeeGeek > Forum	國外知名咖啡器材評論網　http://www.coffeegeek.com/
Home-Barista > Forum	國外知名咖啡討論區　http://www.home-barista.com/
Coffee Snobs > Forum	國外知名咖啡討論區　http://coffeesnobs.com.au/
Coffeed.com > Forum	國外知名咖啡討論區　http://forum.coffeed.com/
INeedCoffee.com	國外知名咖啡知識網　http://www.ineedcoffee.com/
SCAA > Forum	美國精品咖啡協會討論區　http://www.scaa.org/forum/
Coffee Review	國外知名咖啡豆評論網，由Kenneth Davids主持　http://www.coffeereview.com/
Barismo.com	國外知名精品咖啡愛好者研究網站　http://www.barismo.com/
Table@Lucidcafe	國外知名咖啡技術知識網，由David Schomer主持 http://www.lucidcafe.com/lucidcafe.html
Sweet Maria's	國外知名咖啡生豆及器材網站，網主Tom是國際杯測賽中常見的評審之一， 有許多不錯的器材操作建議　http://www.sweetmarias.com/

名稱	地址／電話／網址
CoffeeCuppers	國外知名專業咖啡豆杯測評論網　http://www.coffeecuppers.com/
Coffee Research	國外知名咖啡研究網，具有許多科學驗證的資訊　http://www.coffeeresearch.com/
Coffee FAQ	國外知名咖啡知識網　http://www.thecoffeefaq.com/
Google>alt.coffee	Google的咖啡連線討論區　http://groups.google.com/group/alt.coffee/
Wikipedia>Coffee	國外知名百科全書網站　http://en.wikipedia.org/wiki/Coffee
Cup of Excellence	國際咖啡杯測賽主辦單位　http://www.cupofexcellence.org/
SCAA	美國精品咖啡協會，亦有舉辦國際咖啡杯測賽　http://www.scaa.org/
NSF International	水質及食品衛生檢驗單位　http://www.nsf.org/
BD Imports	知名非洲咖啡豆專家　http://www.bdimports.com/

※專業雜誌期刊

名稱	網址
Tea & Coffee Trade Journal	http://www.teaandcoffee.net/
Fresh Cup Magazine	http://www.freshcup.com/
Barista Magazine	http://www.baristamagazine.com/
Crema Magazine	http://www.cremamagazine.com.au/
Roast Magazine	http://roastmagazine.com/

附錄C 咖啡器材與咖啡豆購買指南

※國內新鮮烘焙咖啡豆：

僅列出筆者所知的自家烘焙咖啡館，若讀者們有其他推薦，歡迎來函，隨函請附上店名、地址、電話以及咖啡豆供應單〔含每磅咖啡豆價位〕，以供本書再版時之參考。亦可參考筆者部落格中限量提供的幾款手選零瑕疵咖啡豆。

店名	地址／電話／網址
煌鼎咖啡生活網	http://www.coffeebeans.com.tw/ 02-2788-7998 0800-616-978〔免付費〕
原豆咖啡	台北縣淡水鎮民權東路173巷5號 02-2808-5252
季節香茶葉與咖啡烘焙屋	台北縣永和市仁愛路71號 02-8660-4684
克立瑪咖啡La Crema	台北市光復南路280巷45號 02-2731-3264
理約咖啡	http://tw.myblog.yahoo.com/Rio-Coffee 台北市中山北路七段191巷21號 02-2872-9167
爐鍋咖啡	台北市北投區大度路三段296巷39號 02-2891-5990 http://www.wretch.cc/blog/luguo
品客經典咖啡	台北市雲河街48-1號 02-2369-1264
力裴米堤咖啡	台北市雲河街51號 02-2368-9489
旅沐咖啡	台北市中山區大直街57巷5號1樓 02-8509-8005 http://www.caffe-remus.com.tw/
達文西單車運動休閒館	台北市和平西路一段77號 02-2341-6177
貓妝自家烘焙・洋食館	台北市長安西路64號 02-2550-0561
美樹館人文咖啡館	台北市通化街171巷28號 02-2736-9879
瘋豆子Bean Crazy	台北市指南路二段45巷3號 02-8661-8282
向陽石雕小鋪	台北市民生東路三段88巷6號〔台北展覽館內〕02-2518-1501
十字路口咖啡	桃園縣中壢市新生路167號 03-426-2533
RedBerry	桃園縣龜山鄉壽山路仁壽巷2弄23號 03-319-6609
貓・咖啡	桃園縣桃園市龍安街120號 03-217-1272 Yahoo奇摩部落格「貓老大的咖啡地盤」
豪得咖啡	新竹市大同路121號 035-245-970
艾瑞絲咖啡	新竹市光復路二段354號 035-734-834 http://erise.kong.com.tw/
車枕竹堂	苗栗縣公館鄉福星村3鄰101-3 037-231-658
歐舍咖啡	台中市五權路2-20號 04-2275-0214 http://www.orsir.com.tw/

店名	地址／電話／網址
Mango Cafe	莿桐店：雲林縣莿桐鄉中山路114號　05-584-1987 竹山店：南投縣竹山鎮大勇路26號〔欣榮圖書館內〕　049-265-5318 http://blog.webs-tv.net/user/mangocafe.html
Mojo Coffee	台中市大業路230號　04-2328-9448　http://mojocoffee.com.tw/
紅豆咖啡	台中縣大里市爽文路1046號 04-2406-7529　http://homdo-coffee.myweb.hinet.net/
中正大學湖畔咖啡	嘉義縣民雄鄉中正大學活動中心　05-272-0411轉49132
香堤咖啡	南投市南鄉路2巷7號　049-223-8182
台灣摩莎咖啡	高雄市中華四路153號　07-331-9771
La Scala義式咖啡館	高雄縣鳥松鄉本館路393-3號 07-370-2799　http://tw.myblog.yahoo.com/scala_pasta/
橘園咖啡	高雄市三民區明誠一路306號　07-359-5996　http://blog.yam.com/cheffecat
月光咖啡	屏東縣恆春鎮中正路81號　08-8880308
神品咖啡	花蓮市南濱路77號　038-333-778　http://www.saintpink.com.tw/
玉里咖啡	花蓮市介林九街41號　038-462-978
馬太鞍驛站	花蓮縣光復鄉中山路二段85號　038-701-041

※美國自家烘焙咖啡名店：歡迎讀者提供其他名店資訊，以供將來再版之參考。

店名	網址
Espresso Vivace	http://www.espressovivace.com/
Caffe D'arte	http://www.caffedarte.com/page.aspx
Intelligentsia Coffee & Tea	http://www.intelligentsiacoffee.com/
Stumptown Coffee	http://www.stumptowncoffee.com/
Terroir Coffee	http://www.terroircoffee.com/
Zoka Coffee	http://www.zokacoffee.com/
Victrola Coffee	http://www.victrolacoffee.net/
The Roasterie	http://www.theroasterie.com/
Green Mountain Coffee	http://www.greenmountaincoffee.com/
Paradise Roasters	http://www.paradiseroasters.com/
Peet's Coffee and Tea	http://www.peets.com/
Ecco Caffe	http://www.eccocaffe.com/
Gimme! Coffee	http://www.gimmecoffee.com/
Great Coffee	http://www.greatcoffee.com/

※國內咖啡器具購買點

營業項目	店名	地址／電話
咖啡零配件、器材	蜂大咖啡	台北市成都路42號　02-2331-0230
	南美咖啡	台北市成都路44號　02-2371-0150
	歐舍咖啡	台中市五權路2-20號04-2275-0214　http://www.orsir.com.tw/
Alessi 摩卡壺及精品	冠文有限公司 （全省Sogo百貨設櫃）	台北市羅斯福路三段28號9樓 02-2363-9696 http://www.italian-lifestore.com.tw/
Bodum 法國壓及精品	台灣波頓有限公司 （新光三越台中&台南店、衣蝶一館、中友、遠東寶慶店、忠孝東路旗艦店設櫃）	基隆市過港路5號7樓 02-2457-6842 http://hipage.hinet.net/bodum
家用／單沖頭義式咖啡機	貝拉貿易有限公司	台北市八德路二段312巷13號 02-2776-1299　http://www.bellataiwan.com/
	克立瑪咖啡La Crema	台北市光復南路280巷45號　02-2731-3264
	歐舍咖啡	台中市五權路2-20號　04-2275-0214　http://www.orsir.com.tw/
	豪得咖啡	新竹市大同路121號　035-245-970
	Mango Cafe	雲林縣莿桐鄉中山路114號 05-584-1987　http://blog.webs-tv.net/user/mangocafe.html
	中正大學湖畔咖啡	嘉義縣民雄鄉中正大學活動中心　05-272-0411轉49132
	帕摩尼咖啡器具專賣網 （蕭氏貿易）	台南縣永康市復興路1巷30弄24號 06-272-3520　http://www.lapavoni.com.tw/
	La Scala義式咖啡麵食館	高雄縣鳥松鄉本館路393-3號 07-370-2799 http://tw.myblog.yahoo.com/scala_pasta/
	橘園咖啡	高雄市三民區明誠一路306號 07-359-5996 http://blog.yam.com/cheffecat
	神品咖啡	花蓮市南濱路77號　038-333-778　http://www.saintpink.com.tw/

※國外咖啡器具購買點

店名	網址
Whole Latte Love	http://www.wholelattelove.com/
Chris Coffee Service	http://www.chriscoffee.com/
1st-Line Equipment	http://www.1st-line.com/index.htm
Espressoparts.com	http://espressoparts2.zoovy.com/
Just Espresso	http://www.justespresso.com/
Vision Espresso Service	http://www.visionsespresso.com/default.aspx
Home-Espresso.com	http://home-espresso.com/

謝博戎 Simon Hsieh

網路咖啡論壇代號：失蹤人口
個人網誌：【肆藝】http://tw.myblog.yahoo.com/4-Arts
個人著作：《菁萃咖啡始末》
其它相關作品：《咖啡自家烘焙全書》翻譯、《咖啡大全》審稿

1977年生，畢於國立中山大學外國語文學系。2000年是踏上咖啡路的起點，自身所學之便，而能多所涉獵國內外各種咖啡相關資訊，出於興趣，更為了一種使命感，2004年開始投身於專業咖啡書籍的翻譯及寫作，期能將所學、所見、所聞分享予更廣大的人群，讓更多人深入認識咖啡，更清楚品嚐原理，更容易喝到好咖啡。不定期舉辦品嚐會及專業咖啡講座，若機關團體或學校單位有興趣舉辦相關活動或課程，歡迎來函預約洽詢。

國家圖書館出版品預行編目資料

菁萃咖啡始末／ 謝博戎著 --初版 --臺北市：相映文化出版：
家庭傳媒城邦分公司發行，2007〔民96〕272面；17X23公分
ISBN 978-986-7461-57-5（精裝）
1.咖啡
427.42 96001248

菁萃咖啡始末

要喝好咖啡，先從煮好一杯咖啡咖開始…

作　者／謝博戎
主　編／廖薇真
攝　影／子宇影像工作室、謝博戎
美術設計／周惠敏
地圖繪製／施進發 Zinfa
總 編 輯／李 茶

發 行 人／涂玉雲
出　版／相映文化
100台北市信義路二段213號11樓　電話：（02）2356-0933　傳真：（02）2358-1716
發　行／英屬蓋曼群島商家庭傳媒股份有限公司城邦分公司　104台北市中山區民生東路2段141號2樓
讀者服務專線／（02）2500-7718／2500-7719
客服時間／週一至週五 上午09:30～12:00／下午13:30～17:00
24小時傳真專線：（02）2500-1990／2500-1991　讀者服務信箱：service@readingclub.com.tw
劃撥帳號／19863813　**戶名**／書虫股份有限公司

香港發行所／城邦（香港）出版集團有限公司
香港灣仔軒尼詩道 235號3樓　電話：（852）2508-6231　傳真：（852）2578-9337
馬新發行所／城邦（馬新）出版集團
Cite（M） Sdn. Bhd.（458372U）
11, Jalan 30D / 146, Desa Tasik, Sungai Besi, 57000 Kuala Lumpur, Malaysia.
電話：（603）9056-3833　傳真：（603）9056-2833
印刷／成陽印刷股份有限公司

初版：2007年6月　售價：550元
ISBN 978-986-7461-57-5

為了保護地球資源，本書內頁採用清荷高白環保道林再生紙。
請大家在喝咖啡之餘，別忘記咖啡豆也來自大地土壤。